KB137707

THE LAST LIONS

마지막 사자들

THE
LAST
LIONS

마지막 사자들

데릭 주베르 · 베벌리 주베르
Dereck Joubert · Beverly Joubert
지음

홍경탁
옮김

글항아리

초원의 풀밭이 자연스레 빚어내는 격자무늬 너머는 사자가 숨기에 가장 좋은 곳이다.
사자는 마치 사바나의 유령처럼 사라졌다 나타나기를 반복하며 슬그머니 사냥감을 쫓는다.

한창 아름다울 때의 두바 평원. 겨울 홍수로 인해 반쯤 잠겨서, 사자들이 아프리카들소를 사냥하기 위해서는 매일 물을 헤치고 가야 한다. 사자들은 한 팀을 이루어 같은 목표를 향해 달린다.

새벽 사냥 준비를 마치고 홀로 아프리카들소 떼 앞에 선 암사자.

차례

새벽녘 두바 평원은 어디에서도 볼 수 없는 광경을 선사한다.
아프리카들소가 일으키는 먼지와 안개가 뒤섞인 두바 평원.

외로운 암사자 마디타우가 지난밤 벌어진 소동이 끝난 후 사라진 그녀의 짝을 찾고 있다.
하지만 어디에서도 그의 모습을 찾을 수 없었다.

머리말

20여 년 전, 데릭과 베벌리를 처음 만났습니다. 그때 그들은 리니안티 강에서 촬영을 하고 있었지요. 내가 보기에 이 부부는 새로운 분야를 개척하고 있었는데, 숲에서 살아가며 영화를 촬영하는 일에 미쳐 있었습니다. 단지 그 일이 좋아서라기보다는 모두를 위한 일이기 때문이겠지요. 그들은 항상 말합니다. 이런 식의 생활을 충분히 이해하고 실제로 겪어보지 않으면 책과 영화에서 제대로 묘사할 수 없다고 말이지요. 이런 태도는 그들의 작품에서 강하게 드러납니다. 때때로 보츠와나 이곳저곳에서 이들과 마주치면 서로의 모험담으로 이야기꽃을 피우곤 했는데, 그들에게서는 늘 흥미진진하고 새로운 이야기가 쏟아져나왔습니다. 야생에서 그만큼 많은 시간을 보냈다는 증거이겠지요.

우리의 관점에서 보면 야생생물과 자연은 단순해 보이고, 과학 법칙에 순응하는 듯 보입니다. 그런 법칙에서 벗어난 자연의 참모습을 보고 싶다면 자연에서 아주 오랜 시간을 보내야 합니다. 그 일에 관해서는 주베르 부부가 최고입니다. 야생 지역은 우리의 모습을 반영합니다. 함부로 대하거나 단순한 볼거리로 취급해서는 안 되는 중요한 곳이지요. 이렇게 소중한 야생 지역(보츠와나에는 훌륭한 야생 지역이 있으며 이를 잘 보호하고 있습니다)에는 보호받아 마땅한 본질적인 가치가 있으며, 그것을 단지 수익을 올리기 위한 자원으로만 대해서는 안 됩니다. 이 책을 비롯한 주베르 부부의 영화와 책은 우리에게 많은 감동을 줍니다. 그들은 두바 초원을 비롯한 소중한 야생 지역을 널리 소개했고, 그 진정한 가치를 깨닫게 해주었습니다. 주베르 부부의 다양한 활동은 그들이 다루는 사자나 아프리카들소, 코끼리는 물론이고 나 자신까지도 돌아보게 합니다.

보츠와나인들은 자원을 소중하게 보호해야 한다고 믿습니다. 소규모 관광정책은 대단히 효과적이어서 막대한 경제적 이익을 가져다주면서도 환경에 미치는 영향은 최소화합니다. 나는 커다란 수사자가 초원을 활기차게 뛰어다니는 모습을 정말 좋아합니다. 엄청난 힘을 지니고 있는 맹수이자 자연의 최상위 포식자인 사자에게서 느껴지는 아름다움에 견줄 만한 대상을 찾기란 매우 어려운 일입니다. 아프리카가 제 것인 양 자신감 넘치는 이 동물을 보고 있으면 내가 초라하게 느껴집니다. 데릭과 베벌리에게도 이처럼 겸손해지는 순간이 있었다는 사실을 이 책의 글과 사진에서 알 수 있었습니다. 이 책은 그들이 이곳을 얼마나 사랑하고, 어떻게 이 땅의 일부가 되었는지를 잘 보여줍니다.

개인적으로는 그들이 안락한 생활로 돌아가지 않기를, 보츠와나의 습지와 사막에서 부딪혔던 고생스러움과 텐트 생활에 대한 매력을 잃지 않기를 바랍니다. 오래도록 그들과 함께 모험하며 토론하고, 다음 영화와 책도 보고 싶기 때문입니다.

보츠와나공화국 대통령

이언 카마

무르고 축축한 땅에 익숙해진 습지의 사자들은 아프리카들소가 있는 곳이라면 섬 구석구석 어디든 쫓아간다. 아무리 물이 많이 고인 땅이라도, 아무리 험한 지형이라도 그들이 가지 못하는 곳은 없다.

두바에 바치는 노래

"이건 극장에서 봐야 해!"

"맞아요……."

내셔널지오그래픽 글로벌미디어 대표인 팀 켈리와 나누었던 이 대화가 바탕이 되어 2005년 내셔널지오그래픽과 「마지막 사자들」이라는 장편영화를 만들기로 의기투합했다. 우리는 어떤 영화를 만들지 참신한 아이디어를 내기 위해 고민했다. 우리가 생각하기에는, 사자가 나오는 영화에 그 거대한 최상위 포식자의 사냥 장면이 없다면 그야말로 순진하고 유치할 것 같았다. 사실적인 모습을 보여줘야 가장 재미있고 만족스러우리라는 것이 우리의 의견이었다.

사자를 주인공으로 한 「300」(스파르타와 페르시아 간에 벌어진 테르모필레 전투를 다룬 미국 영화)을 만들자는 이야기도 나왔지만, 실제로 제작했을 때 사냥 장면이 수풀에 가려 보이지 않는다면 교묘하게 연출된 장면처럼 보일 수도 있다는 사실을 깨달았다. 사자 이야기를 들려주는 방법은 여러 가지가 있었다. 새끼 사자나 수사자 혹은 암사자의 시점으로 보여줄 수도 있었다. 그러나 우리는 결국 기획 단계의 생각으로 돌아갔다. "있는 그대로의 모습을 보여주자."

우리가 사자 이야기를 극장에서 보여주고 싶었던 이유, 켈리가 처음 사자 이야기에 끌렸던 이유는 아프리카 대륙의 광대함, 사바나의 경계에서 아프리카 대륙을 바라볼 때 느끼는 압도적인 공간감이었다. 망막하면서도 높고, 심원하며, 광활하다. 한편 주위를 둘러보면 엄지손가락만 한 공작물총새가 가벼이 날아다니면서 그 아름다운 색채로 우리를 매료시킨다. 이는 시각과 청각, 감각이 지배하는 여행으로, 글이나 영화를 통해서는 완벽하게 표현하기 어렵다. 그래도 우리는 마디타우가 살아남은 새끼 사자 2마리를 꼭 끌어안는다.
마디타우는 어려운 상황에서도 새끼를 먹이기 위해서 혼자 힘겹게 사냥을 하는 훌륭한 어미 사자다.

포기하지 않았다.

오히려 이것이 기회였다! 우리는 여러 해 전에 두바 평원의 매력에 푹 빠졌고, 흔히 보기 어려운 광경을 꾸준히 지켜봤다. 처음부터 말이다! 한 지역이 개발되거나 성장하는 모습을 줄곧 지켜볼 수 있는 경우는 흔치 않다. 그러나 오카방고 삼각주에 있는 두바 섬은 탄생한 지 겨우 20년 된 작은 섬으로, 흰개미와 매년 찾아오는 홍수, 삼각주로 흘러들어오는 강과 운하 덕에 생성되었다. 섬의 모든 것은 새로웠고, 우리를 흥분시켰다. 하와이의 화산에서 분출된 용암이 바다로 흘러들어가 새로운 땅이 생겨나는 모습이나, 울창한 숲에서 어린 싹이 바로 발밑에 돋아나는 모습을 보는 것처럼 즐거웠다. 이곳은 사람의 손길이 닿지 않은 순수한 땅이라는 점에서 매우 소중하다. 게다가 두바에는 사자들이 많았다!

극장용 영화 제작은 아주 흥미로운 도전인데, 텔레비전보다 화면이 크기 때문만은 아니다. 영화의 구조는 텔레비전과 달라서 이미지가 더 강력한 공감대를 형성한다. 또한 영화는 텔레비전이 할 수 없는 방식으로 관객과 교감한다. 집에서 저녁을 먹는다거나 가족들에게 방해받으면서 시청하는 텔레비전과 달리, 영화와 관객 사이에는 더욱 깊은 신뢰관계가 존재한다. 인간의 손길이 닿지 않은 두바 섬은 어찌 보면 극장과 비슷해서, 어수선하거나 떠들썩하지 않고 음미할 만한 시간과 공간이 충분하다. 이 영화에서 우리는 관객 한 사람 한 사람과 일대일로 대화를 나누는 동시에, 관객이 두바 섬과 직접 소통할 수 있게끔 도와주는 단순한 창구가 될 수도 있다. 이것이 프로젝트 전반의 주목표였을 것이다. 차로 무리가 두바에서 무리를 이루는 과정은 그리 순탄치 않았다. 어떤 사자든 그렇지만 말이다. 젊은 사자 한 무리가 삼각주를 건너 두바에 왔다. 알 수 없는 차로 무리의 암사자들이 새벽을 헤치며 아프리카들소를 향해 소리 없이 다가간다.

이유로 큰 무리에서 떨어져 나온 암컷 1마리와 새끼 사자 몇 마리였다. 뒤이어 가족으로 보이지는 않는 암사자 무리가 나타났는데, 그들은 새끼를 전부 잃은 상태였다. 그들이 외로운 암사자 마디타우와 관련이 있는지는 알 수 없다. 이 이야기는 차로 무리의 기원이자 두바 섬 사자들의 시작에 관한 것이다. 그러나 우리는 이 이야기에서 더 커다란 이야기를 발견했는데, 그건 무리를 짓고 살아가는 모든 사자에 관한 것이었다. 성장한 새끼들은 암사자 중심의 무리에서 떨어져나와 새로운 무리를 형성하고, 자신들의 새끼를 낳아 정착한다. 여러 세대를 거친 후에 이 사자 무리는 하나의 개체처럼 번성과 절정, 쇠퇴의 단계를 밟는다. 우리는 이런 과정을 두 번이나 목격했는데, 대를 이을 만한 생존자는 아무도 남지 않은 채 무리 전체가 그 영역에서 사라져버렸다. 어쩌면 살아남은 새끼 몇 마리가 주변 지역으로 흩어져서 성장했을지도 모르지만, 그들은 그들이 태어난 영역에서 몰락했다.

이 이야기는 여러 측면에서 사자 전체를 상징하는 듯하다. 베벌리와 내가 태어난 20세기 중반에 연구자들은 사자의 실제 개체 수를 (아주 대략적이지만) 약 45만 마리로 추정했다. 2002년 현재 세계자연보전연맹IUCN에서 공식 집계한 사자의 수는 2만3000마리다. 우리가 조사한 결과 상황은 그 이후로 나아지지 않았고, 낙관적으로 예상하더라도 현재 야생 사자는 2만 마리를 넘지 않는다. 그들은 몰락할 처지에 놓여 있다. 슬프게도 우리는 그들의 수가 줄어드는 모습을 직접 지켜봤다. 우리가 사자에 관한 영화를 촬영하고 책을 쓰는 동안, 사람들이 간담회에서 사냥이 자연보호에 이로운지 해로운지 혹은 코끼리 사냥이나 도태를 허가해야 하는지 마는지에 대해 한없이 논쟁을 벌이며 떠들어대느라 수많은 시간과 인력을 낭비하는 동안, 사자의 수는 점점 줄어들었다. 오늘날 엉망이 되어버린 환경은 전적으로 우리의 책임이다. 사자는 우리의 오만함과 무관심으로 인한 수많은 피해자 중 하나일 뿐이다. 또 다른 기회가 없을 경우에 대비해서, 모두를 대신해 사과하고 싶다.

「마지막 사자들」이라는 영화와 이 책은 어떤 의미에서는 사자를 기리거나 두바 섬 사자의 기원을 이야기하는 것이 아니다. 어쩌면 사자에 관한 이야기가 아닐지도 모른다. 사람들이 파괴적인 행동을 계속한다면 언젠가는 마지막 사자뿐만 아니라 세상의 종말에 대한 이야기가 될 수도 있다는 간절한 호소다. 내셔널지오그래픽의 동료 탐험가들은 삼림 파괴, 어류 감소, 산호초 파괴 등 각기 다른 분야에 걸쳐 매우 비슷한 결과를 보고한다. 사자는 빙산의 일각에 지나지 않는다. 대략 2만 마리가 남은 이 최상위 포식자는 전체 생태계 유지에 매우 중요한데, 이러한 사자의 개체 수 감소는 우리가 많은 것을 의존하고 있는 조화로운 생태계의 동력이 사라질 위험에 처했음을 뜻한다.

예를 들어 아프리카에는 연 800억 달러 규모의 생태관광산업이 있다. 국립공원과 수백만 명의 사람들이 그 수입에 의존한다. 조사 결과에 따르면 사자가 사람들을 가장 많이 끌어모은다. 사람들은 사자를 보지 못한다면 사파리에 가지 않을 것이다! 연 800억 달러가 사라지면 아프리카 경제는 엄청난 타격을 받는다.

환경이나 경제적인 문제 말고도 사자를 소중히 돌봐야 하는 이유는, 사자가 많은 사람에게 윤리적으로 또 정신적으로 중요하기 때문이다. 은고나마(사자족)라고 불리는 줄루족(아프리카 원주민의 하나로 주로 남아공에 산다)이 있고, 전 세계적으로 사자를 표현한 조각과 깃발, 판화, 그림이 있으며, 사자가 아직 야생에 살고 있고 누군가가 그들을 보살피고 있다는 사실이 사람들의 마음을 따뜻하게 한다. 우리는 우리 영혼에 깃들어 있는 야생성을 고이 간직하듯 사자의 존재를 소중히 여긴다. 세상이 점점 자동화되고 인공적으로 변하고 있음에도 야생성이 사라지는 것을 보고 싶어하지 않는다. 자연적인 면을 놓치고 싶어하지도 않는다.

우리는 사자를 사랑하고, 미워하고, 숭배하며, 어쩌면 사자를 닮고 싶어하는지도 모른다. 사자가 사라지면 우리를 인간이게끔 하는 영혼도 말라비틀어져 사라지고 말 것이다. 「마지막 사자들」은 사자가 사는 낙원에 대해 생각해보게끔 기획되었고, 사자와 함께 여행하면서 초록색 베일 뒤에 감춰진 낙원을 드러내는 영화다. 이 이야기의 윤곽을 잡아가면서 우리는 최초의 장면으로 되돌아가 섬의 탄생과, 이곳에 도착한 첫 번째 사자가 새로운 강의 지류를 헤치고 섬에 오르는 광경을 지켜보았다. 외로운 사자 마디타우와 함께한 시간을 돌아보며 그녀가 배워가는 과정이 실은 우리가 배워가는 과정이었음을 깨달았다. 마디타우가 생존을 위해 벌인 투쟁은 우리의 투쟁이었고, 그녀가 벌인 전투는 우리의 전투였다. 이는 자연의 세계를 연구하는 곳 어디서나 마찬가지일 것이다.

아프리카들소 떼를 사냥하는 마디타우의 모습을 사자 무리가 멀리서 지켜보고 있다.

사자가 초원의 지배자라면 악어는 수중을 지배한다.
악어 역시 아프리카의 상징이다.

마음속의 지도

두바 평원과 그 주변 섬들은 오카방고 삼각주의 다른 섬처럼 무수히 많은 운하와 강으로 인해 형성되었는데, 이는 매년 불규칙하게 발생하는 홍수와 흰개미의 놀라운 작업 덕분이다. 흰개미는 성을 짓는데, 처음에는 자동차만 한 크기였다가 곧 집채만 한 크기가 된다. 이것을 허물어뜨리고 다시 짓기를 몇 년 동안 하면 토양의 산성 성분이 변해서 마침내 하나의 섬이 탄생한다. 이어 코끼리나 하마에 의해 뜯기거나 떨어진 파피루스 잎이 물위를 떠다니다가 좁은 물줄기에 막혀서 쌓인다. 그 아래로 물이 흐르면서 파피루스가 성장하고 뿌리를 내린다. 이로써 운하가 변화하고, 어느덧 피닉스 팜의 섬이 여럿 모인 두바가 탄생한다. 이곳에는 혹멧돼지 수십 마리, 리추에(아프리카의 습한 초원에 분포하는 황갈색 영양) 2000마리, 체세베(잠비아 북동부에 분포하는 영양)와 영양 각각 14마리, 쿠두(아프리카 사바나 지대에 분포하는 커다란 영양)와 개코원숭이 몇 마리를 비롯하여 땅늑대, 하이에나, 표범, 코끼리와 같은 새로운 주민들도 있다. 그러나 이 지역에서 흔히 볼 수 있는 임팔라(케냐, 앙골라 주변에 분포하는 영양)나 기린, 얼룩말 같은 주민들은 거의 보이지 않는다. 물론 사자와 아프리카들소는 예외다.

두바에서 아프리카들소는 흩어졌다가 다시 모일 때 정해진 형태로 움직인다. 사자는 아프리카들소와 조금씩 겹치는 그들의 영역을 고수하면서, 아프리카들소 떼가 사냥 구역 안에 들어오기를 기다린다. 아프리카들소는 온갖 방법을 동원하여 숨고, 공격을 피하고, 피해를 최소화하기 위해 애쓰지만 거의 매일같이 피해가 발생한다. 우리의 기록에 따르면 한 달 평균 15마리가 죽음을 맞는다. 가장 성공적인 사냥 전략은 우선 공격을 여러 번 시도하는 것이다. 사자들은 아프리카들소를 한낮에, 물을 철벅거리면서 오랜 시간 끈질기게 추격하는데, 결국 아프리카들소가 쓰러지거나 사자가 지쳐 쓰러진다. 누가 먼저 지칠지는 아무도 모르지만 이 경주는 매일 끝없이 이어진다. 그래서 사자와 아프리카들소의 관계는 끈질긴 적이라고 불린다.

장소는 정해졌다. 참가자도 정해졌다. 이들을 각본에 따라 연기하는 배우를 가리키듯 연기자라고 부르지는 않겠다. 연기자라는 말은 즐겁게 논다는 뜻을 내포하므로 이 드라마와는 전혀 어울리지 않는다. 이는 죽음(인간의 죽음일 수도 있고, 동물의 죽음일 수도 있다)에 대한 것이며, 이 광경을 지켜보는 이를 포함한 모두에게 중요한 순간이다. 이는 사냥과 살생을 이해하는 과정인 동시에 생명과 죽음이 어떤 의미인지 알아가는 과정이다. 두바는 우리뿐만 아니라 이곳을 방문하는 많은 사람에게 매우 특별하고 정신적인 장소가 되었다.

그리고 이 오래된 관계에 새롭고 조직적이며 체계적인 움직임이 사자들 사이에서 나타났다. 사자는 덤불에서 소통을 가장 잘하는 동물로, 소통이란 사회조직을 함께 지속시켜나가는 것이다. 두 사람이 오랜 시간을 함께 보내면 같은 목적을 찾아내는 것처럼, 사자들은 시각이나 청각으로 소통하지 않고도 정보를 공유하는 수준에 이른 듯 보인다. 그래서 사냥에 나설 때 사자의 마음속에는 마치 모두가 아는 지도, 사냥에 관한 지도, 각기 따라갈 움직임에 대한 지도 혹은 반복된 경험에 의한 지도가 있는 것 같다. 암사자들은 아프리카들소에게 마치 한 마리가 움직이듯 조용히 다가갔다가 후퇴하면서 미리 정해놓은 듯한 장소로, 이미 명확히 알고 있는 듯한 움직임으로 아프리카들소 떼를 포위한다. 그들에게는 이전에 성공한 전략이 있고, 그 전략에 몰두할수록 사냥에 성공할 확률이 높아지며, 그 전략은 그들의 의식에 더 깊이 각인된다. 말없이 이루어지는 이 모든 과정이 사자를 야생에서 최고의 집단 사냥꾼이자 사회적 포식동물로 만들어준다.

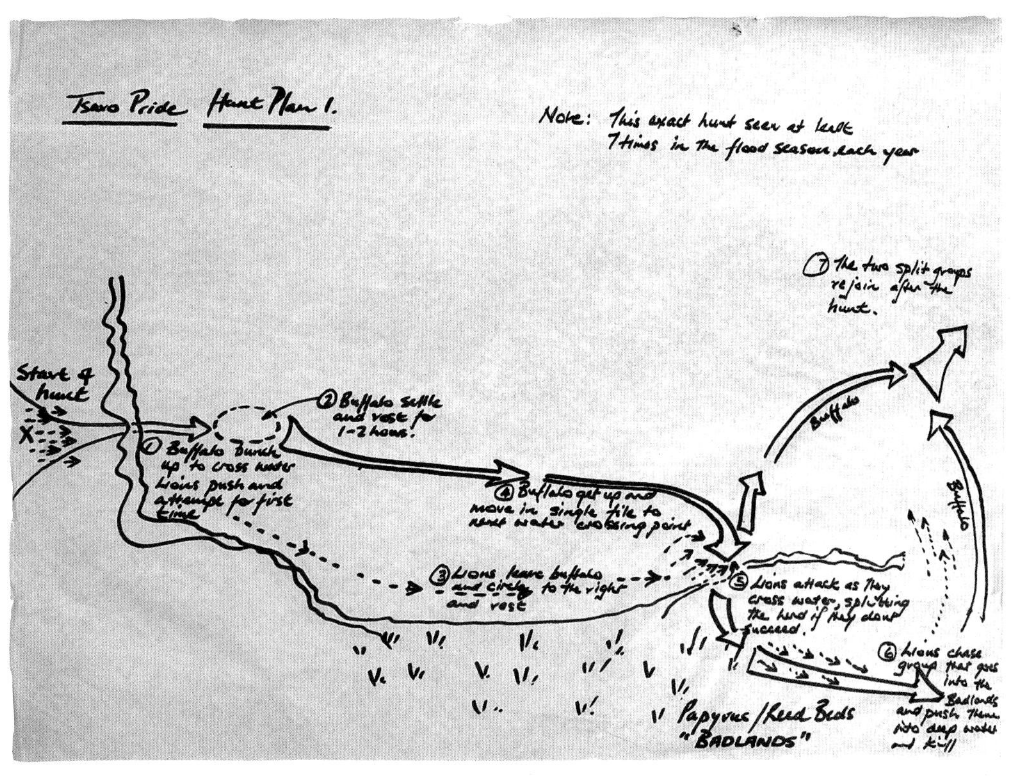
Tsavo Pride Hunt Plan 1.
Note: This exact hunt seen at least 7 times in the flood season, each year
Start of hunt
X
① Buffalo bunch up to cross water. Lions push and attempt for first time
② Buffalo settle and rest for 1-2 hours!
③ Lions leave buffalo and circle to the right and rest
④ Buffalo get up and move in single file to next water crossing point
⑤ Lions attack as they cross water, splitting the herd if they don't succeed.
⑥ Lions chase group that goes into the Badlands and push them into deep water and kill
⑦ The two split groups rejoin after the hunt.
Buffalo
Buffalo
Papyrus / Reed Beds
"BADLANDS"

은고가 강은 습기가 많은 파피루스 사막을 잔잔히 흐르는데,
아프리카들소가 활동하는 영역의 남쪽 경계선이 된다.

아프리카들소 서식지 북쪽에 있는 강에서는
타닌이 침출된 맑은 물 덕분에 하마와 악어의 모습을 고스란히 볼 수 있다.

2003년 7월의 일기

두바처럼 놀라운 곳은 어디에도 없다. 마사이마라(케냐에 있는 국립 야생동물 보호구역)처럼
완만한 평원이 있고, 인간의 손길이 닿지 않았으며, 무엇보다도 고요하다.
두바는 수정처럼 맑은 물에 숲과 야자나무가 군데군데 박힌 하나의 늪이다.
물론 몇 가지 골칫거리는 있다. 때로는 모기 때문에 고생하고, 자동차가 진창에 빠지기도 하며,
사자들은 먹음직스러워 보이는 것이면 무엇이든 가리지 않고 달려드니
인간에게 완벽한 곳은 아닐지 모르지만, 바로 그렇기 때문에 우리에게는 완벽하다!
오늘은 촬영을 하기 위해 차를 몰고 밖으로 나갔지만 차가 진창에 빠져서 자정이 될 때까지
꼼짝하지 못했다. 거머리가 달려드는 통에 피를 반 리터는 빨린 것 같았고,
7월 겨울의 물은 꽁꽁 얼어붙을 만큼 차가웠다.
가장 먼저 얻어야 할 교훈은 우리 모두에겐 각자의 낙원이 있다는 사실이다.

차 안에서 벌어지는 대화는 때로 이렇다.
"베벌리, 당황하지 마. 괜찮아. 침착해. …… 좋아. 이제는 당황해도 되겠어!"

이곳에 서식하는 모든 동물은 그들을 둘러싼 깊은 강,
그리고 그 강이 의미하는 모든 것과 싸우는 법을 익혀야만 한다.

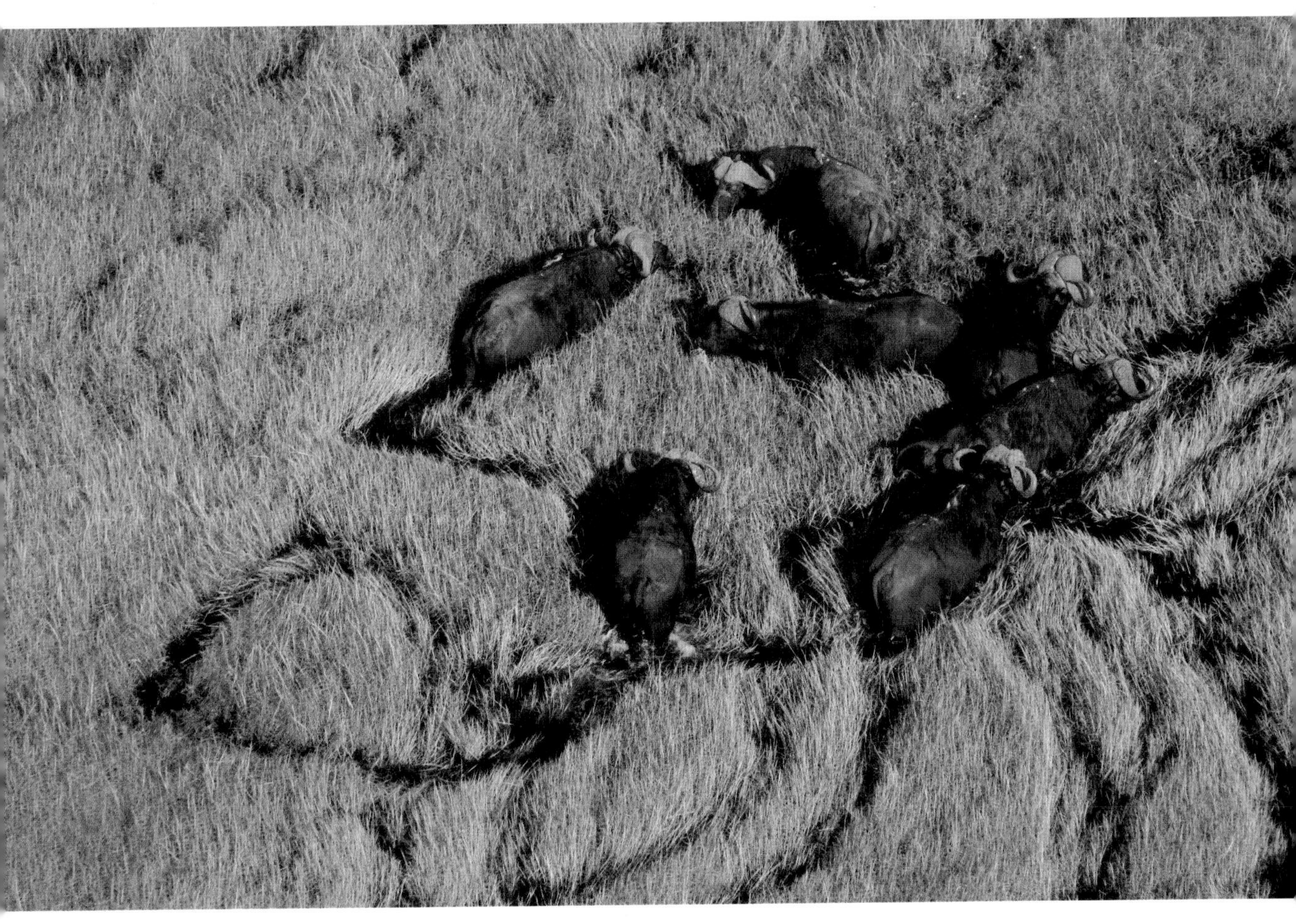

나이 든 수컷 아프리카들소들은 부드러운 풀을 깨끗이 먹어치우면서
서로 머리가 부딪히지 않도록 상대를 조심스럽게 피한다.

차로 무리의 사자들은 매일 몇 시간씩을 물에서 사냥하다보니
가슴과 목, 앞다리의 근육이 매우 발달했다. 그들은 우리가 봤던 사자 중 몸집이 가장 크다.

1000마리가 넘는 아프리카들소 떼가 사자의 공격을 피해 섬 한쪽 끝에서
다른 쪽 끝으로 있는 힘껏 달려간다. 하지만 두바를 에워싼 깊은 강은 벗어나지 않는다.

물을 건너갈 때면 사자는 아프리카들소가 빨리 움직이도록 몬 후에
물의 저항과 혼란한 상황을 이용해 사냥감을 고른다.

이 대초원에 생기와 매력을 불어넣는 것은 장소가 아닌 공간감이다.

두 마리의 사자들이 껑충껑충 달린다. 마치 아무런 장애물도 없다는 듯이.

사자가 늪에서 활동 중이다.
잘 발달한 삼두근과 목, 가슴을 굵은 허벅지와 유연한 뒷다리가 받치고 있다.

아프리카의 두 거인이 엎치락뒤치락 힘을 겨루는 일은
영원하며 가혹한 동시에, 아름답고 본질적이다.

영원한 춤

시간과 공간은 이 두 동물이 함께 머물게 한다. 그들의 춤은 영원하고, 그들의 운명은 얽히고설켜 마치 머리가 둘 달린 한 괴물처럼, 한 몸에 있는 근육처럼 조화롭게 움직인다.

그들은 매일, 매번, 거듭 같은 리듬으로 춤춘다—풀밭에서 무리를 지은 그들은 서로에게 점점 더 가까이 다가가 경고의 거친 숨을 내뿜고, 다리를 힘차게 구르며 머리를 쳐들고 돌진한다. 그들이 공격을 피해 흩어진 자리에는 풀잎만이 바람에 천천히 흔들린다. 너무 많은 냄새가 떠다녀서 죽음의 방향이 어디인지 혼란스럽다. 그러나 아무리 좋은 계획을 세우고 무사히 피하더라도, 사냥은 계속된다.

마침내 누군가는 죽는다. 이곳의 법칙이자 아프리카의 법칙으로, 사냥하는 자가 있으면 먹히는 자가 있을 뿐이다. 그것이 사자이고, 아프리카들소이며, 두바다.

전쟁은 생존을 위한 것이 아니다. 윤리나 종교, 이념, 영토, 자원을 위한 것이다. 그러므로 사자와 아프리카들소 사이의 끈질긴 상호작용을 우리가 생각하는 전쟁이라는 단어로 이해하는 것은 잘못이다. 둘은 포식동물과 먹이의 관계이지만 관계가 실현되는 과정에는 아름다움이 존재한다. 그리스 비극에서 인간 영웅이 벌이는 전투가 신을 위한 오락인 것과 마찬가지로 그 과정에는 유희적인 성격도 있다. 그러나 『일리아드』에 나오는 트로이 전쟁과 달리 이들의 춤에서는 갈등뿐만 아니라 상호의존성도 드러난다. 한쪽이 일방적으로 유리한 것 같지만, 아프리카들소는 진화론적인 압박을 받으며 번성한다.

영원한 춤은 말 그대로 '끝없이' 이어지는데, 이는 춤을 추는 춤꾼이 영원하리라는 것을 상정한다. 한발 물러서서 그 시적인 춤사위를 보고 있노라면 그 안에 끼지 못해 서글퍼지기까지 한다.

역사적으로 인간 역시 고양잇과 맹수들과 수백만 년 넘게 춤을 추었고, 다른 어떤 경험보다도 그 춤을 통해 스스로를 더 잘 이해하게 되었다. 우리가 거기서 얻은 가장 큰 교훈은 살아남아야 한다는 것이었다. 우리는 그것을 놀라울 만큼 잘해냈고 그 춤에서 무사히 빠져나오게 되었다. 우리가 할 수 있는 최선의 방법은 고양잇과 맹수를 보호구역이나 우리에 가두는 것이다. 최악은 그들을 멸종시키는 것이다. 『신의 괴물』의 저자 데이비드 콰멘은 단지 인간이 원치 않는다는 이유만으로 사자나 악어 등 위험한 야생동물들이 150년 안에 사라질 것이라고 주장했다. 맹수를 사냥하려는 욕구를 어디까지 수용해야 하는지, 우리가 보호할 수 있는 사자는 얼마나 되는지, 우리의 노력을 어느 지역에 집중해야 하는지에 대한 끝없는 논쟁을 보고 있을 때면 정말 그럴 것 같다는 생각이 든다. 이는 타이타닉호에서 눈앞의 빙산은 신경쓰지 않고 어떤 가구를 건져낼 것인지 계획하는 것과 같다. 나는 때로 눈을 감고 내 영혼이 400만 년 전부터 격렬히 추었던 춤을 떠올리고는, 그것을 그리워한다.

영원한 춤은 그들의 것이자 또한 우리의 것이다.

쏜살같이 달려나가는 몇몇 아프리카들소만이 이것을 춤이라고 느끼는 것은 아닌 듯하다. 사자 무리 앞에서 아프리카들소가 정해진 대로 움직이며 사자를 쫓아내는 광경은 대규모 군무와 닮았다. 이러한 움직임은 숙지하고 연습한 몸동작과 비슷해서 우아한 춤을 이루는데, 사자와 아프리카들소가 아주 오래전부터 함께해온 것처럼 느껴질 정도다.

옆의 지도는 아프리카들소들이 특정 지점에 이르렀다고 가정했을 때 사자가 행하는 사냥 계획의 예다. 아프리카들소 떼를 추격하는 뻔한 작전에서 벗어나 매복을 통해 전멸시키는 것은 전략

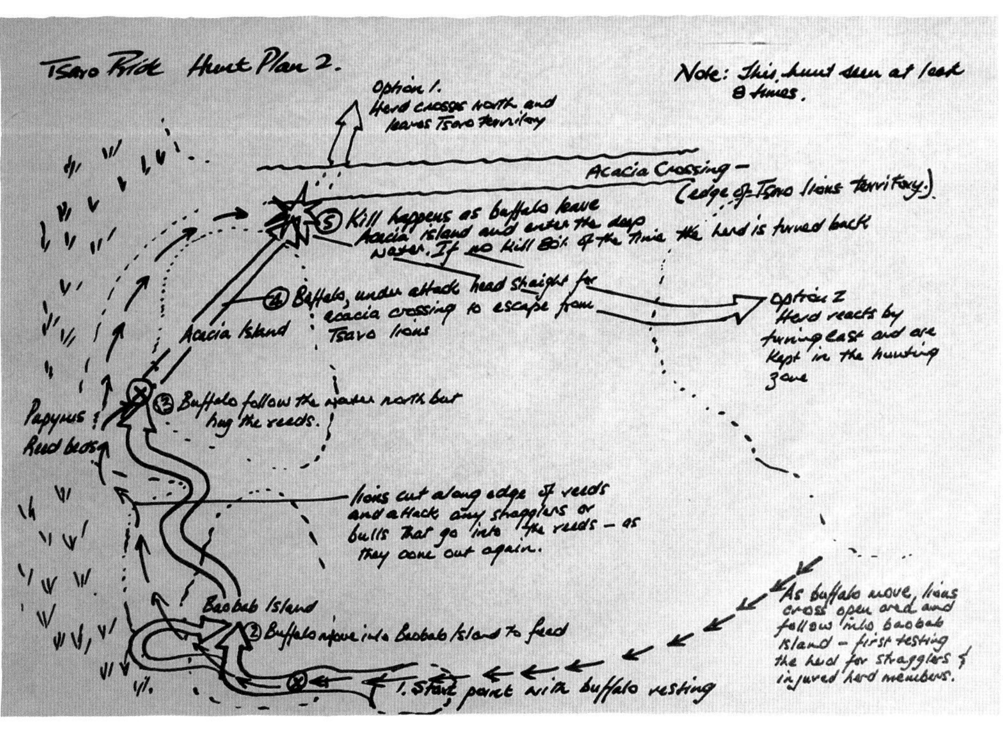
Tsavo Pride Hunt Plan 2.
Note: This hunt seen at least 8 times.
Option 1.
Herd crosses north and leaves Tsavo territory
Acacia Crossing –
(edge of Tsavo lions territory.)
5 Kill happens as buffalo leave Acacia island and enter the deep water. If no kill 80% of the time the herd is turned back
4 Buffalo, under attack head straight for acacia crossing to escape from Tsavo lions
Option 2
Herd reacts by turning east and are kept in the hunting zone
Acacia Island
3 Buffalo follow the water north but hug the reeds.
Papyrus & Reed beds
lions cut along edge of reeds and attack any stragglers or bulls that go into the reeds – as they come out again.
Baobab Island
2 Buffalo move into Baobab Island to feed
1. Start point with buffalo resting
As buffalo move, lions cross open area and follow into baobab island – first testing the herd for stragglers & injured herd members.

몸을 피하기 위해 쏜살같이 움직이고, 살기 위해 달리며, 숨을 곳을 찾아 질주한다.
두바의 사자들은 아프리카들소 곁에서 늘 위험을 감수해야 한다.

적이고 냉철하게 계산된 행동이다. 인간과 동물을 구별하는 것은 스스로를 자각하고 과거와 현재, 미래를 인지하는 능력이라고 한다. 예전에는 동물이 현재만 인지할 수 있을 뿐, 과거와 미래를 인지하는 것은 불가능하다고 여겼다. 그런데 사냥을 비롯한 여러 행동을 보면 동물이 과거를 인지하는 능력이 매우 발달했음을 알 수 있다. 예컨대 사자들은 과거에 물을 건너 전진했을 때 사냥에 성공했다는 것을 알고 있다. 사자들은 또한 미래에 대해서도 명확하게 알고 있다. 그들은 앞서 나아가 위치를 선점하면(미래) 물을 건너던 아프리카들소 떼가 흩어지고 사냥에 성공할 기회가 늘어난다는 것을 안다.

인간과 동물을 나누는 새로운 기준을 정할 때마다 우리는 동물에게서 새로운 점을 발견하고, 이 새로운 정보는 인간과 동물을 구분하는 장벽을 더 높이거나 변화시킨다. '우리'와 '그들'을 구별하는 경계는 점차 흐려진다. 이 과정은 우리로 하여금 동물의 감정에 대해, 심지어 동물의 영혼에 대해 혼란스러운 생각을 하게 만든다. 나는 동물에게 감정이 있다고 생각한다. 사실 다른 동물에게는 없는 감정이 유인원에게만 발달해 있다는 것은 정말 이상한 일이다. 감정은 우리가(인간이) 생존하고 발전할 수 있도록 우리를 무장시켜주었다. 동물이 공포(매우 유용한 감정이다)와 같은 감정을 느끼는 것은 분명하다. 그렇다면 기쁨이나 사랑 또한 느끼지 못하리란 법은 없지 않은가?

사냥은 육체적인 만큼 지적이고, 사고와 행동이 조합된 것이며, 누군가가 죽어야 끝이 나는 두뇌 싸움이다.

춤은 지치지도 않고 계속된다. 아프리카들소가 공격하면 사자는 안전한 곳으로 몸을 피하지만, 곧 되돌아와 춤에 합류한다.

2005년 1월 12일의 일기

평소처럼 새벽 4시에 기상. 촬영하는 데 가장 좋은 방법은
낮에 잠을 자고 뜨거운 태양이 우리를 바싹 익히기 전에 일찍 나가는 것이다.
이른 시간부터 암사자와 새끼들을 발견했는데, 그들 사이에 긴장감이 팽팽하다.
비록 이곳에는 우리와 사자밖에 없지만 오늘은 베벌리의 생일이다.
마디타우는 아프리카들소를 쫓아갔다. 물이 깊은 곳으로 운전해 들어가는데
고약한 냄새가 진동한다. 진흙에 아프리카들소의 배설물이 마구 섞여 있다. 숨이 턱 막힌 것은
냄새 때문이 아니라 트럭이 가까스로 움직였기 때문이다. 결국 트럭은 멈추고 말았다.
베벌리의 생일날, 진흙탕에서 허우적대고 트럭 밑을 파내느라 4시간을 허비했다.
우리는 암사자를 놓쳤고 촬영은 물 건너갔기에 점심을 즐겼다. (드디어 모기가 사라졌다!)
팔과 다리엔 끈적거리고 냄새나며 쫄깃한 떡 같은 배설물이 말라붙었다.
나는 이곳이 정말 좋다.

마디타우의 새끼들은 에너지가 넘친다.
기어오를 만한 높은 곳을 찾지 못하면 어미를 두고 높은 곳에 올라가기 위해 싸운다.
어린 수사자는 늘 대장 노릇을 하고 싶어하는 반면, 여동생은 욕심이 별로 없다.

암컷이든 수컷이든 아프리카들소는 자신을 쫓아오는 사자에게 불쾌함과 경멸감을 보인다.
그들은 열심히 방어하거나 화를 내거나 추격을 따돌리는 데 몇 시간을 보내기도 한다.

아프리카들소는 무리에서 떨어져나와 공격적으로 방어한 후,
고립되기 전에 재빨리 무리로 돌아간다.

두바를 지배하는 이 수사자들은 13살로, 아마 형제일 것이다.

사자, 먼지 속 그림자

사자에 대한 가장 오래된 기억에서부터 우리는 최고의 순간을 맞이한 인간, 즉 고귀하고 용감하고 강인하며 사회에 공헌한 사람을 기리는 상징으로서 사자를 숭배해왔다. 사자의 이두근과 삼두근은 인간의 것과 비슷하며, 집단의 규모와 구조 또한 초기 인류가 숲으로 처음 사냥을 떠났을 때 이상적인 규모였으리라고 고생물학자들이 짐작하는 바와 비슷하다.

인간은 사자의 영예로운 모습을 본떠 조각상을 세우고, 위대한 왕과 지도자에게 그 이름을 붙인다. 보츠와나 대통령은 타우이토나(위대한 사자)라고 불린다. 사자왕 리처드는 말할 필요도 없다.

이와 유사하게 현대적인 상징물로 사용되는 것이 커다란 수컷 아프리카들소로, 흔히 최강의 초식동물이라고 여겨진다. 인간이 사자와 아프리카들소에게 경의를 표하는 이유 가운데 하나는 그들의 흉포함, 즉 사람을 죽일 수 있는 능력 때문이다. 인간은 수백만 년 동안 죽음의 공포를 안겨주었던 존재를 우상화한 듯하다. 이렇듯 '적을 숭고하게 여기는' 관계는 때때로 인간 자신에게서도 나타난다. 이런 기이한 가치 평가는 과거 수렵시대의 유물이기도 한데, 당시엔 아프리카들소를 잡기가 어려웠기 때문이다. 활과 화살 또는 석기만으로 무장하고서 아프리카들소를 사냥하기란 쉬운 일이 아니다. 오늘날에는 라이플로 사냥하기 때문에 아프리카들소를 잡는 일이 매우 쉬워졌다. 그렇다고 해도 수컷 아프리카들소가 혈기왕성하게 씩씩대며 야자나무를 헤치고 눈앞으로 돌진해온다면 정신이 아찔해질 것이다.

언젠가 사파리에 갈 기회가 생긴다면 아프리카들소의 뿔을 머리 위로 들어보라. 팔이 후들거릴 것이다. 아프리카들소는 그토록 무거운 뿔을 머리에 이고 있을 뿐만 아니라 항상 목으로 지탱하고 있는데, 그들은 그 뿔을 마치 펜싱 선수가 칼을 다루듯 능숙하게 휘두른다. 적을 공격할 때면 머리를 숙이고 엄청난 속도와 힘으로 돌진하여 뿔로 들이받는다. 적은 정신을 잃고 쓰러진다.

수컷 아프리카들소는 사자와 전투를 벌일 때 뿔을 아래로 내린 후 옹이진 돌출부를 드러내곤 하는데, 상대를 강타하는 그 딱딱하고 검은 부위가 두개골을 보호해준다. 암사자들은 이런 위협에 정면으로 맞서는 것이 치명적인 실수임을 잘 안다. 안개 낀 아침에 아프리카들소가 흙먼지를 일으키며 사자에게 돌진하는 광경은 증기기관차가 증기를 내뿜으며 달리는 장면을 연상시킨다.

두 적수는 지금 두바에서 끊임없이 싸움을 벌이고 있다. 물론 많은 것이 달라질 수 있다. 오카방고 섬의 독특한 조합으로 형성된 두바 평원의 상황은 동아프리카나 두바 남동쪽에 있는 남아프리카의 상황과 다르다. 어떤 지역의 사자는 아프리카들소처럼 위험한 동물은 사냥하기를 꺼린다.

두바 평원에서는 그렇지 않다. 모든 동물에게는 기본적인 행동 유형이 있지만, 문화나 시공간에서 비롯된 형질도 있다. 어떤 사자들은 코끼리를 사냥하는 법만 배우고 이를 숙달시킨다. 두바 사자들은 아프리카들소를 거침없이 사냥하지만 코끼리를 사냥한 적은 없다. 사자는 인간과 매우 유사한 방식으로 실험하고 학습하는 듯하다. 인간은 어떤 유형을 발견하고 이를 과거 경험에 비추어 반영하고 학습하는 데 탁월하다. 이곳 사자들은 필요한 것을 학습한다. 시간이 흘러 변화가 일어나면 더 나은 유형을 학습할 것이다. 사자가 언제까지고 지금처럼 낮에 아프리카들소를 사냥할 것으로 생각한다면 큰 오산이다.

무리 내의 수컷은 사냥하기는커녕 사냥을 도와주는 경우도 거의 없지만,
첫 시식은 항상 그들 차지다.

거대한 수사자 2마리와 암사자 9마리로 구성된
차로 무리가 두바 중심부를 지배한다.

차로 무리, 죽음에 맞서다

나는 내가 사자 무리를 이해한다고 생각했지만, 한 무리 내에도 다양한 관계가 공존할 수 있음을 차츰 깨달아가고 있다. 우리가 찍은 영화에는 혈연관계일 가능성이 높은 암컷 여러 마리가 섞인 사자 무리가 등장한다. 어쩌면 우리가 차로라고 부르는 사자 무리도 사실은 거대한 아프리카들소 떼를 성공적으로 사냥하기 위해 결성된 무리가 아닐까? 또 우리가 잘 알고 우리 삶의 일부분이 된 몇몇 사자도 각기 다른 배경을 지니고 있는 것은 아닐까.

그러나 차로 무리의 경우 그 본질적인 부분이 상당히 병리적인 관계로 구성되어 있는데, 특히 늙은 암사자 한 마리와 실버아이라고 불리는 암사자 한 마리가 그렇다. 그들은 새끼 사자들을 죽인다. 내가 알기로 2005년 이후 차로 무리는 무리 내의 새끼 사자를 96마리나 죽였다. 나는 그 이유가 무엇인지 생태학적인 답을 찾으려고 노력했다. 나온 결론은 의외로 간단했다. 인간과 사자 간에는 공통점이 많다. 둘 모두 의사소통 능력이 있고, 감정이 있으며, 과거와 현재, 미래를 인식한다. 그렇다면 가정을 파괴하는 것이 인간의 전유물이어야 할 이유가 있을까? 새끼 사자의 생존율이 낮아진 원인 중 하나가 모성애 부족임은 분명하다. 우리는 암사자들이 새끼 사자를 내팽개친 채 아프리카들소를 쫓아 몇 킬로미터씩 달려나가는 모습을 보곤 했다.

어느 날, 암사자 한 마리가 긴장하며 몸을 한껏 웅크리고 있는 모습이 눈에 띄었다. 암사자는 갑자기 멈춰 섰다가 풀밭으로 뛰어들더니 발톱을 세워 무언가를 할퀴었고, 이어 고개를 숙이고는 이빨을 드러냈다. 겨우 몇 초나 지났을까, 암사자는 생후 4개월 된 새끼 사자 1마리를 쳐냈다. 새끼 사자는 3미터나 날아갔다. 땅에 떨어지자마자 즉사한 새끼 사자의 몸에서 내장이 쏟아져나왔다. 뿔뿔이 흩어져 있던 다른 암사자들 중 몇몇은 그 자리를 떠나고 몇몇은 새끼 사자 주변에 모여들었다. 다른 새끼 사자들은 평원을 가로질러 도망쳤다. 우리는 새끼 사자를 죽인 암사자의 귀에 붙은 표식을 확인했다. 그 암사자에게는 새끼가 없었다.

사자 무리는 몇 시간 동안 혼란에 빠졌다. 암사자 몇 마리가 나지막하게 울면서 서로에게 조심스럽게 다가갔다. 오후가 되자 암사자 한 마리가 죽은 새끼 사자에게 다가가 냄새를 맡더니, 자리에 앉아 울면서 죽은 새끼 사자의 가죽을 천천히 벗긴 뒤 그것을 먹었다. 우리는 망연자실해서 말없이 이 모습을 촬영하고는 보지 말아야 할 것을 본 것처럼 물러났다. 암사자가 일어나서 자리를 뜰 때 살펴보니, 불은 젖꼭지로 미루어 어미 사자인 듯했다.

새끼 사자를 죽인 암사자는 그 후에도 공격을 계속했다. 어미 암사자들이 열심히 경계한 덕분에 2번이나 공격을 막았지만, 그것만으론 충분하지 않았다. 그 주에 새끼 사자 5마리가 밤중에 사라졌다. 이 일로 충격을 받은 것이 분명한 사자 무리는 아프리카들소를 일주일 내내 추격하고도 단 한 마리도 잡지 못했다.

얼마 후, 작고 어린 어미 암사자(귀에는 아무 표식도 없었다)가 무리에게 새끼 2마리를 보여주기로 결심했다. 사자들이 풀밭을 가로질러 다가왔다. 거기에는 새끼 사자를 죽인 암사자도 있었다!

그 암사자는 새끼 사자들을 환영하려는 듯 다가갔다. 그녀는 어미 사자 주위를 빙빙 돌다가, 귀를 꼿꼿이 세우고 목은 구부린 채 새끼 사자들을 향해 빠르게 다가가기 시작했다. 새끼 사자들로서는 어미 사자가 아닌 다른 사자를 처음 본 것이었는데, 그 첫 만남이 자신들을 향한 공격이었던 것이다. 어미 사자는 완전히 허를 찔렸고, 암사자(어미 사자의 자매인 듯하다)는 새끼 사자와 어미 사자 사이에 서 있었다. 그렇지만 어미 사자가 곧바로 맹렬하게 달려들어 연이어 공격하자 암사자는 무너지고 말았다. 암사자는 새끼 사자에 대한 공격을 멈추고는 등을 보이며 항복했고, 배를 깔고 안전한 곳으로 기어갔다. 눈을 동그랗게 뜨고 이 광경을 쳐다보고 있던 새끼 사자들은 이제 안전했다.

우리는 새끼 사자를 공격했던 암사자에게 실버아이라는 이름을 붙여주었다. 그녀의 한쪽 눈이 후벼파인 채 은빛 막만 남아 있어서였다. 우리는 실버아이가 '외로운 암사자들' 무리를 지배하려 한 이후로 계절이 여러 번 바뀌는 동안 그녀를 관찰해왔는데, 그녀는 해가 지날수록 더욱 공격적으로 변했다. 그동안 새끼 사자 살해를 주도해온 것도 실버아이인 듯했다. 그건 아마도 그녀에게 많은 불이익을 안겨주었을 눈 부상과 관련이 있는 것 같았다. 처음에 우리는 실버아이가 '외로운 암사자들' 무리의 새끼 사자를 공격한 이유가 눈 부상의 책임을 묻기 위해서라고 여겼지만, 지금은 그렇게 생각하지 않는다. 복수의 범위가 너무 넓기 때문이다. 그보다는 작은 섬이라는 제약에 대한 자연스러운 반응일 수 있었다. 사자에게는 개체 수를 제한할 만한 다른 방법이 없겠지만, 개체 수를 안정되게 유지하는 방법치고 가혹한 것만은 사실이다.

새끼 사자들이 모두 살아남는다면 이 섬 대부분은 남아나지 않았을 것이다. 사자에게 수명이 있듯이 사자 무리에도 수명이 있다. 우리는 사자 무리 전체가 죽어버린 것을 보았다. 무리 안에 유입되는 새끼 사자보다 암사자가 더 많이 죽으면 이런 일이 발생한다. 차로 암사자를 관찰한 결과, 전통적(혹은 생태적)으로 한 무리 안에 암사자가 9마리 있는 것이 이상적이다. 사자의 수가 더 이상 많아질 여지는 없어서, 더 늘어나면 죽거나 무리를 떠날 것이다. 현재 그들은 어린 나이에 죽어간다.

'애꾸눈 암사자' 대신 '실버아이'라고 부르는 이유는 그녀가 그만큼 아름다워서다.
사자는 서열 없이 모두 동등하다고 하지만, 실버아이가 두드러지는 것은 겉모습 때문만이 아니다.
그녀는 언제나 공격에 앞장서서 위험을 감수하는 뛰어난 사냥꾼이다.

몸집이 거대한 차로 무리 암사자들의 등에 줄무늬 흔적이 남아 있다.
예전에 사부티 습지에서 이런 줄무늬를 본 적은 있지만, 모든 사자에게 같은 흔적이 있는지는
확실하지 않다. 오래전 사자가 줄무늬를 가졌던 흔적이 아닐까 추측한다.

작은 새끼 사자들은 겁을 먹었지만 어미 사자가 끼어들어서 암사자를 공격했다.
암사자가 새끼들을 해치려는 것이 분명해 보였기 때문이다.

그런데도 차로 무리는 번성하고 있다. 이들은 우리가 지금까지 본 암사자 중에서도 몸집이 가장 크다. 굵은 목과 우람한 몸집은 근처에 사는 다른 무리들과는 비교가 되지 않는다. 아프리카들소만 먹는 식습관이 그 이유이겠지만 운동량이 원인일 수도 있다. 끊임없이 추격전을 벌이고, 커다란 먹잇감을 향해 대규모 공격을 감행하면 곧잘 땅을 구르며 몸싸움을 벌여야 한다. 원인이야 어찌됐든 차로 무리의 사자들은 거대하다.

그들에게는 여느 무리들과는 다른 특별한 사냥 기술이 있어서 나는 그들을 '정면대결자'라고 부른다. 차로 무리는 좀처럼 몰래 다가가는 법 없이 대담하게 접근한다. 그들은 보통 아프리카들소 떼를 쫓아 뛰면서 하루를 시작한다. 그런 다음 마치 전화번호부를 훑어보듯 약점을 찾아 늙거나 어리거나 절뚝거리는 녀석을 눈여겨보는데, 가급적 어린놈을 고른다. 아프리카들소는 도망치다가도 사자를 추격하여 돌아온다. 사자는 아프리카들소가 어디까지 밀고 들어오고 후퇴하는지 가늠하듯 자리에 멈춰 섰다가, 때가 되면 곧장 추격해서 아프리카들소 떼를 달리게 하곤 공격을 가한다. 어떤 날은 6시간 동안 사냥하기도 한다. 최근에는 아프리카들소 떼를 분산시킨 후 뒤처지거나 무리에 합류하지 못한 들소 떼를 기다렸다가 측면에서 공격한 것이 성공했다.

차로 무리의 암사자들은 아침에 시험 삼아 아프리카들소를 쫓은 후에는 그들이 전진해도 쳐다보지 않고, 이상하게도 1000마리는 되는 아프리카들소를 뒤로하고 되돌아온다. 그러나 암사자들은 뒤처진 들소를 찾고 있는 것이다. 이들은 우왕좌왕하다가 옆으로 밀려난 수컷 아프리카들소 떼까지 유심히 관찰한다. 암사자들은 들소들이 무리에 다시 합류하는 시점을 아는 듯 보여서, 그들이 무리에 합류할 때 그 사이에 끼어들 수 있다면 사냥을 시작한다. 뒤처진 들소 떼는 약해진 듯 보이고 또 당황한 나머지 본진에 합류하려 애쓰는 듯 보인다. 아프리카들소 떼를 가까이에서 보면 따로 떨어진 들소 떼가 어떤 경로로 본진에 합류하려고 하는지 예측할 수 있을 것이다. 사자 역시 마찬가지다.

암사자들은 1년 중 특정한 시기에 거의 새끼 들소만을 집중적으로 사냥한다. 그들은 출산기가 시작되면 전략을 바꾼다. 새끼 들소가 뒤처질 때까지 들소 떼를 공격하다가, 뒤처진 새끼를 쫓아가서 쓰러트린 후 다른 들소들이 구하러 오기 전까지 부상을 입힌다. 사냥이 오래 지속되면 들소 떼는 떠나고 새끼 들소의 가족들만이 새끼를 보호하기 위해 남는다. 바로 이때 사자들은 잡은 먹이를 편히 먹기 위해 얼마 남지 않은 들소들을 쫓아낸다.

그러나 차로 무리가 사냥하는 들소의 수는 대개 2마리 이상이다. 암사자들은 어미 들소 역시 잡기 쉽다고 여기므로, 이미 1마리를 사냥했으면서도 또다시 추격을 시작한다. 무슨 이유에선지 암컷 들소는 얼마 못 가서 쓰러진다. 그 정도로 큰 동물이라면 훨씬 강하게 맞설 수 있을 텐데 말이다. 임팔라도 공격을 당하면 이보다는 열심히 싸움을 벌인다. 수컷 들소 역시 1시간은 버티면서 싸움을 벌이는데, 암컷 들소는 그보다 20퍼센트 정도 작을 뿐인데도 단 몇 초 만에 쓰러지고 만다.

이른 아침 햇살 아래 비슷비슷하게 생긴 암사자 9마리가 늘어서서 들소 떼에게 다가가는 광경은 숨이 막힐 정도다. 흡사 폭풍전야처럼, 새로운 생명이 탄생하거나 달라이라마의 책을 읽는 일 같은 대사건이 일어나기 직전처럼 느껴진다. 이 순간의 아름다움은 나를 숨 쉬게 하고 삶으로 가득 차게 하며, 너무나 순수해서 모든 장면을 간직하고 싶게 만든다. 사진으로 포착하고, 그림으로 새끼 사자가 많이 죽기 때문에 차로 무리의 암사자들은 한번에 다양한 나이의 새끼 사자를 키운다.
큰 새끼 사자와 작은 새끼 사자가 섞여 있어서 새로 어미가 된 사자는 좀더 방어적이 되고,
큰 새끼 사자가 작은 새끼 사자를 괴롭히다가 치명적인 사고가 일어나기도 하며,
작은 새끼 사자는 견디기 힘들어한다.

표현하고, 고속촬영한 영상과 음향으로 세세하게 남기고 싶어진다. 그것은 너무도 완벽한 결정체여서 이를 위한 진열장이 따로 있어야만 할 것 같다. 소설이나 영화가 종종 도달하는 어떤 순간, 세상이 혼란스러운 상태에서 벗어나 갑자기 조화를 이루는 순간, 이리저리 뻗어나가고 부딪치던 교향곡(이를테면 말러의)이 고요히 화음을 이루고 하나가 되는 순간, 더 이상 연주자들의 합주도 9마리의 사자도 아닌 순간, 오직 하나의 선율만이 남는 순간이다. 이는 죄악이 아니다. 누군가는 곧 죽음을 맞이하더라도.

나는 다른 이들처럼 사냥을 시작하는 모습을 보며 흥분하거나 두려워하지 않는다. 대신 심오한 무엇인가가 내 몸을 가득 채우고, 모든 것이 선명해진다. 어쩌면 전문가로서 관찰해야 한다는 의무감일지도 모른다. 훼방을 놓지 않을 만한 적당한 곳에 자리를 잡고 촬영을 시작해야 하는 것이다. 그러면 정신없이 바빠지지만, 사자의 얼굴에 풀이 스치는 소리가 귓전을 때리고 사자가 저벅저벅 걸어오는 소리가 귀가 아플 만큼 크게 들린다. 자고새의 울음소리는 수사자가 오고 있다는 것(그리고 곧 사냥이 시작될지도 모른다는 것)을 알린다. 바람이 잦아들고 머리카락이 얼굴에 흘러내린다. 바람의 방향이 바뀌자 아프리카들소가 코를 쳐든다. 혀로 코를 적셔 후각을 예민하게 만들기 위해서다. 그들도 우리처럼 때가 되었음을 안다.

이후에 벌어지는 일은 모두 기계적이어서, 사자와 우리 모두 할 일을 제대로 해내기만 하면 신비로운 순간은 끝나도 마음속은 여전히 뜨겁게 불타오른다.

차로 무리는 몇 가지 다른 것들을 배웠다.

아프리카들소는 이 섬을 두루 돌아다닌다. 그들은 세 군데를 거쳐 섬으로 들어오는데, 차로 무

최근 몇 년 동안 차로 무리에서 성체로 성장한 새끼 사자는 거의 없다.
오랫동안 물을 헤치며 건너는 일은 힘들고 위험하다. 악어에 물리거나, 물에 빠지거나,
어떤 경우에는 뒤처지는 것만으로도 사고를 당할 수 있다.

오카방고의 새끼 사자들은 물에 빨리 적응해야 하고, 물에 젖기 싫어하는 습성도 극복해야 한다.
고양이에게는 어려운 일이지만 두바의 사자들은 아주 어릴 때부터 물에 쉽게 적응한다.

리는 이 섬에서만 살기 때문에 그들을 자신들의 영역 안에 묶어두는 전략을 쓴다. 어떤 사람들은 이런 식으로 앞서 사고하는 것이 동물의 한계를 넘어서는 일이며 순전히 인간의 특성이라고 할지도 모르겠다. 하지만 차로 무리는 먼저 생각하고는, 북쪽으로 가기 위해 강으로 향하는 들소 떼가 되돌아오게끔 만든다. 때로는 배고픔을 참지 못하고 강을 건너는 들소 떼를 공격하다가 놓쳐 며칠 동안이나 사냥하지 못하는데, 아프리카들소가 사자 영역 인근의 파라다이스라는 지역으로 헤엄쳐 가버리기 때문이다. 그러나 대부분의 경우 사자들은 매복해 있다가 들소 떼가 강을 건너기 직전에 습격하여 그들을 효과적으로 섬에 돌려보낸다.

섬 반대편에서는 사자들이 들소 떼를 마음껏 몰아붙일 수 있는데, 남쪽에는 들소 떼가 도저히 뚫고 지나갈 수 없을 만큼 갈대와 파피루스가 무성한 둑이 있어서 결국엔 사자가 기다리고 있는 길로 되돌아올 수밖에 없기 때문이다.

서쪽 지역은 '불모지'라고 불리는데, 그곳으로 건너가려면 스프링이 고장나고 차축이 휘어지는 등 안 좋은 일만 일어나기 때문이다. 아프리카들소도 울퉁불퉁한 땅 때문에 고생하다가 다리를 다치는 등 부상을 입는다. 사자는 이들을 쫓아 물가로 몰고 가거나 험난한 지역으로 유도하고는 부상당한 들소를 쓸어담는다.

동쪽 지역에서도 들소 떼를 쫓을 수 있지만, 이곳에서 암사자들은 경쟁자인 팬트리 무리(참고로 이 이름을 붙인 것은 우리가 아니라, 이 지역에서 유일한 사파리 관광업을 하는 두바 평원 캠프의 가이드들이다)가 있는지 둘러보는 데 많은 시간을 쏟아야 한다.

두바와 사자에 관한 이야기에 수사자가 빠진다면 정확하다고 할 수 없다. 우리 영화에서는 암

새끼 사자를 옮길 때는 한없이 부드러운 입이
아프리카들소를 물어 죽이는 날카로운 입이 되기도 한다.

사자('외로운 암사자' 마디타우)가 섬으로 가는 여정을 따라가기로 했다. 그러나 섬에 막 도착한 수사자들이 들려주는 놀라운 이야기는 아프리카를 더욱 잘 보여준다.

첫 번째 반란 이후 오늘날까지 수사자 2마리가 섬에 들어왔다. 그들은 14년 동안 '두바의 수사자'로서 섬을 지배했다. 나이가 많이 들었고, 그만큼 갈기가 무성했으며(하나는 짙은 갈색, 다른 하나는 밝은 갈색이다), 얼굴에는 마치 낡은 카펫처럼 오랜 세월 뜯기고 얻어맞은 흔적이 있었다. 어느 날, 그들은 덤불 사이에서 휴식을 취하다가 아프리카들소에게 둘러싸여 공격당했다. 둘 다 죽었다. 한 마리는 큰 부상을 당해 그 자리에서 즉사했다. 지금은 '스키머'라는 수사자가 무리를 지배한다. 아이러니하게도 그에게는 도전자가 없다. 아직 젊지만 무리를 지배한 지 3년 가까이 되었고, 이는 다른 지역 수사자가 평균적으로 지배하는 기간과 비슷하다.

총 개체 수 2만 마리 중에 수사자는 4500마리에 불과하다. 그러나 미국은 여전히 연간 500~600마리를 사냥하도록 공식적인 허가를 내주고, 매년 사파리 사냥꾼들에게서 사자 가죽 556장을 기념품 명목으로 사들인다. 이런 정신 나간 짓이 계속된다면 사자의 개체 수는 점점 줄어 곧 멸종 위기가 찾아올 것이다. 사냥꾼들은 나이 든 사자만 잡는다고 말하지만, 두바의 상황을 보면 그 말에 어리둥절할 수밖에 없다. 나이 든 두바 수사자는 아프리카들소에게 죽음을 맞기 때문이다. 또한 수사자가 늙어 영역에서 쫓겨나면 갈기가 빠져서 더 이상 기념품으로서 매력이 없다.

사자 갈기에 관한 글은 많다. 더운 기후에서 갈기는 큰 부담이다. 어떤 이들은 수사자가 검은 갈기 때문에 12도 이상 더 덥게 느낀다고 주장한다. 갈기가 공격을 방어하기 위해 진화한 결과물인 것 같지는 않은데, 암사자도 수사자만큼 자주 싸움을 벌이기 때문이다. 그보다는 암사자와 마주쳤을 때 무리에 속한 다른 사자에게 미치는 시각적인 효과가 크고, 사냥감에게 겁을 줄 수 있기 때문인 것 같다. 도전자가 나타나 영역을 놓고 싸우길 원한다면 싸움은 피할 수 없겠지만, 갈기는 분명히 이 지역을 지배하는 사자가 존재한다는 신호이므로 도전자는 희생을 치르려 하지 않을 것이다.

1995년 이전에 이 부근은 기념품 사냥 구역이었다. 수사자 1마리를 쏘면 사자 30마리가 죽는 결과를 초래할 수 있는데, 이는 사자 무리의 구조적 특성 때문이다. 수사자는 배우자와 짝을 짓고 연합을 형성하며, 새로운 수사자는 새끼 사자를 살해한다. 사냥꾼은 우리가 살던 동북부 지방 사자의 개체 수에 심각한 타격을 입혔고, 사자 무리는 몰락했다. 두바는 어느 정도였는지 모르지만, 사냥철인 21일간 사냥꾼 한 명이 적어도 수사자 1마리는 잡고 싶어한다는 것을 감안하면 상상할 만하다. 수사자는 모두 사냥당했고, 무리는 붕괴되었으며, 젊은 도전자 역시 총에 맞아 씨가 말랐을 것이다.

어느 날 수사자 몇 마리가 자동차만 한 흰개미집 근처에서 광활한 영역을 살피고 있었다. 그들은 나이 들었고, 우리는 그들을 지난 5년 동안 매일같이 보았다. 1995년에 아마도 3살 정도였을 그들은 총을 맞기에는 체구가 너무 작았다. 그러나 우리가 그들 무리 곁에 앉아 있는 동안 어떤 일이 벌어졌고, 우리는 수사자가 어렸을 때 일어났던 일을 기억하고 있음을 알 수 있었다.

그 어떤 일이란 캠프에서 3~5킬로미터 떨어진 곳에서 관리자가 실수로 폭죽을 터뜨려 총성 같은 폭발음이 들려온 것이었다. 수사자보다 어린 암사자는 꿈쩍도 하지 않았지만, 수사자 2마리는 펄쩍 뛰더니 소리가 난 쪽을 쳐다보았다. 그들은 가시나무가 우거진 풀숲으로 슬그머니 들어가 캠프와 우리를 번갈아가며 쳐다보았다. 그들은 기억하고 있었다!

무언가를 입증해 보이기 위해 사자를 사냥하고 싶어하는 사람은 많다. 그보다 더 많은 사람은 사냥에 별 관심이 없다. 나는 그렇게 무관심하기가 어렵다. 더욱이 사자에게 총을 쏘는 사람을 좋아하기는 정말 어렵다. 기념품 사냥을 통해 자신의 솜씨나 자아를 과시하려는 사람 역시 좋아하지 않는다. 우리 사회는 더 나아져야 한다. 자연을 덜 침범하고, 덜 착취하며, 이기적이지 않게 사고하는 새로운 시대로 이끌어줄 만한 이가 필요하다. 고맙게도 그런 시대가 오고 있다.

아프리카들소가 늘어선 어두운 배경에서 두바 사자의 모습이 밝게 돋보인다.

2005년 5월의 일기

영화 촬영은 정말 멋지고 꿈같은 일이다. 무엇인가에 홀리거나 사색에 빠져
몇 시간씩 보내기도 하고, 니체나 데카르트에 대해 열띤 토론을 벌이거나,
어떨 때는 사자가 일어나 달리고 공격하는 바람에 혼비백산해서
몇 시간이나 침묵을 지키기도 한다. 이 밖에도 멋진 일들이 벌어지곤 하지만
오늘은 그렇지 않았다. 우리는 차가운 바람을 피해 햇볕을 쬐며 별말 없이 앉아 있었고,
오후 3시쯤 암사자가 있는 곳에 들러보기로 했다. 암사자를 보러 갔을 때
베벌리가 암사자 옆에 있는 동료와 죽은 아프리카들소 새끼를 발견했는데,
우리(그리고 같은 무리)가 보지 않는 사이에 소리 없이 사냥한 것이 분명했다.
오늘은 이렇게 하루가 흘러갔고 아무것도 촬영할 수 있을 것 같지 않다!

수사자는 누군가가 영역을 두고 도전하기 전까지만 진정한 아프리카의 주인이다.
그러나 지금 이 순간만큼은 부드러운 풀, 잎사귀, 사나운 날씨마저도 그의 것이다.

스키머 무리는 차로 무리와는 달리 새끼 사자를 잘 키워냈고,
10마리 가운데 9마리가 살아남았다.

스키머 무리,
파라다이스의 추격자

우리가 두바에서 작업을 시작하고 사자가 강을 건너 섬으로 들어오기 시작했을 때, 섬에는 아무도 살고 있지 않았다. 1년 6개월이 지나자 스키머 무리가 슬며시 섬으로 들어왔는데, 그들은 사자에게서 좀처럼 찾아보기 힘든 침착하고 가까운 태도로 강을 건넜다. 차로 암사자들은 몸집이 굉장히 큰 반면 스키머 암사자는 평범한 크기다. 이 섬처럼 고립된 지역에서는 인근 지역 사자 무리가 뒤섞여 쉽게 혈연관계를 맺음에도 불구하고 스키머 무리의 암사자들은 차로 무리처럼 몸집이 커지지 않았다. 그러나 스키머 무리는 두바 외부에 있는 북쪽에 살며 먹고살기가 힘들 때에만 섬으로 들어오곤 한다.

이슬비가 내리는 어느 여름날, 우리는 스키머 무리가 사냥하는 모습을 발견했다. 아프리카들소가 1마리의 사상자만 남기고 차로 무리의 영역에서 빠져나가 물을 건넜다. 암사자 9마리가 가슴까지 잠기는 물속에 서서 먹이가 사라지는 모습을 지켜보았다.

이전에 스키머 무리는 새끼 들소를 물속에서 처참한 방법으로 죽인 적이 있다. 그들은 사방으로 물을 튀기며 새끼 들소를 어미 품에서 끌어냈다. 아프리카들소 떼는 북쪽으로 향했다. 그 전날 우리는 냄새나는 건널목이라고 불리는 물속에 차축이 빠지는 바람에 위험을 무릅쓰고 걸어나와 하마가 사는 웅덩이 가장자리를 따라 들소 떼 쪽으로 향했다. 그리고 그곳에서 스키머 무리를 발견했다.

암컷 아프리카들소 한 마리가 되돌아와 끊임없이 울음소리를 냈다. 예전에 차로 무리에게 당한 새끼 들소의 어미가 틀림없었다. 스키머 무리가 모두 깨어나서 달리기 시작했다.

스키머 무리는 멈춰 서서 들소 떼가 지나가는 모습을 지켜보며 낙오자가 나오길 기다렸고, 마침내 그들이 즐겨 사용하는 작전을 시작했다. 나는 그들을 '추격자'라고 부른다. 그들만의 특별한 추격법은 들소가 움직일 때마다 몇백 미터 떨어진 곳에서 따라 움직이는 것이다. 때로 아프리카 들소가 뒤돌아서 맞서기도 하는데, 그러면 스키머 무리는 모두 나무가 있는 곳으로 가 안전을 위해 나무 위로 기어 올라간다. 그러나 사자가 나무 위에서 불편하게 흔들리며 나란히 매달려 있는 모습을 보는 것은 흔한 일이 아니다.

스키머 무리는 마침내 다리를 저는 암컷 들소를 찾아냈다. 암사자 4마리가 자리를 잡고 매복하여 들소를 공격했다. 1미터 깊이의 물을 며칠이고 몇 달이고 헤집고 다니는 바람에 촬영 차량은 제동 장치가 작동하지 않은 지 꽤 됐다. 암사자 2마리와 들소가 뒹굴고 있는 곳으로 향했을 때 차는 멈추지 않았고, 결국 카메라를 꽉 잡고 차가 어디에선가 멈추기를 기다려야 했다. 우리는 사냥을 처음부터 끝까지 사진으로도, 영상으로도 담아냈다. 암사자 한 마리가 우리를 슬쩍 쳐다보고는 포획한 들소에서 자기 몫의 다리를 떼어내기 위해 등을 돌렸다. 암사자는 원하는 것을 얻었고, 우리는 물러났다. 사냥은 나머지 암사자와 새끼 사자가 뛰어가 암컷 들소의 숨통을 끊어놓으면서 별 탈 없이 끝났다. 이는 스키머 무리의 전형적인 사냥 모습이었다.

스키머 무리와 들소 간에 조금이라도 익살스러움이 있는 것은 새끼 사자 덕분인데, 아프리카 들소가 콧김을 내뿜으면서 쫓아오면 새끼 사자는 공격을 피해 풀밭으로 뛰어들었다가 아프리카 들소들이 돌아가자마자 게임을 다시 시작하기 위해 왔던 길을 되짚어간다. 암사자는 들소 떼를 경계하는 한편 새끼 사자에게 문제가 없는지 지켜본다. 훌륭한 어미 사자인 그들은 지난 몇 년 동안 새끼 사자들을 잘 길러왔다. 이들이 새끼 암사자를 받아들여서 스키머 무리가 8~9마리로 늘어날지 궁금하다. 새끼 수사자는 쫓겨나 자신의 영토를 찾아 떠돌아다닐 것이다. 현재 어린 수사자는 5마리가 있는데, 이들이 모두 잘 자란다면 강력한 연합을 형성할 것이다. 언젠가 그들이 돌아와 지금 두바를 지배하고 있는 수사자를 몰아낼지도 모르겠다.

어느 날 저녁에 우리는 스키머 무리의 암사자를 관찰하고 있었는데, 그들은 평소처럼 아프리카들소를 쫓아 물을 건너고 있었다. 주위는 점점 어두워지기 시작했고 해가 지기까지는 1시간 반 정도가 남아 있었다. 갑자기 암사자 한 마리가 고개를 돌려 뒤처진 아프리카들소 70여 마리가 무리에 합류하기 위해 안절부절못하는 모습을 보았다. 암사자는 슬그머니 뒤돌아서서 들소를 쫓아 물속으로 뛰어들었다. 들소는 물을 헤치며 암사자 쪽으로 다가오고 있었다. 암사자는 멈추지 않았다. 호박색 형체 하나가 검은 벽을 향해 대담하게 다가갔다. 암사자가 들소 떼로부터 20걸음 떨어진 곳에 이르자 갑자기 들소 떼가 암사자를 향해 달리기 시작했다. 암사자의 목이 굳으면서 잠시 머뭇거리는 것을 보니 후퇴해야 한다고 생각한 것이 분명했다. 그러나 암사자는 그런 생각을 황급히 떨쳐버리고 정면공격을 감행했다. 들소 떼는 방향을 바꾸었고, 암사자 혼자서 암컷 들소에게 달려들어 물속에 쓰러트리느라 혼란스러웠다. 우리가 지금까지 본 광경 중에 최고의 정면승부였다. 이에 용기를 얻은 다른 사자가 여전히 들소를 물어 죽이느라 정신이 없는 암사자를 지나쳐 달려나갔고, 해가 질 무렵에는 가까운 곳에서 다른 들소를 사냥하는 데 성공했다.

이곳 사자들은 밤에 사냥하는 일이 굉장히 드물고 해가 질 무렵에도 좀처럼 사냥하지 않는다. 그 이유가 무엇인지 정말 많은 추측이 있었다. 나는 그 수수께끼를 풀기로 마음먹었다. 숲에 사는 사람은 물론 학자나 사자 전문가에게도 기회가 있을 때마다 이유를 물었다. 사실상 아는 사람

모두에게 물어보았다. 수수께끼의 내용은 이러하다. 사자는 몸집에 비해 심장이 작아서 열기가 있는 곳에서는 효율적으로 움직이지 못한다. 보츠와나 전역이 그러하듯 두바 역시 기온이 굉장히 높지만 셀린다나 사부티보다 기온이 높지는 않다. 다른 곳의 사자는 대개 밤에 활동하는데 왜 유독 두바 사자는 낮에 사냥을 할까?

옥스퍼드 대학의 한 동료는 그런 행동을 하는 것은 그래야만 하기 때문이라는 말로 간단히 정리했다. 즉, 1) 확실한 장점이 있어서, 2) 분명한 단점을 피하기 위해, 3) 별다른 이유가 없다.

장점이라면 낮에 먹잇감을 더 잘 볼 수 있다는 것을 들 수 있다(그러나 꼭 그렇지만도 않다. 사자는 야간 시력이 좋은 데다가 아프리카들소의 검고 거대한 형체는 연노란색 풀밭과 대비되어 밤에도 잘 보이기 때문이다. 사람들도 밤에 아프리카들소를 볼 수 있을 정도다). 혹은 악어의 활동이 적은 시간이어서 물에서 활동하기 좋다고도 할 수 있다(이럴 가능성은 낮은데, 악어가 밤에 더 위험하긴 하지만 물에 잠기는 지역이 그리 넓지 않고 여름에는 더욱 그러하기 때문이다. 두바에서 실제로 물에 잠기는 지역은 기껏해야 20퍼센트 정도이니, 사냥 형태를 완전히 바꿀 정도는 아니다).

이외에 밤보다 낮에 사냥하는 장점은 더 이상 떠오르지 않는다.

낮에 사냥하게끔 하는 밤 사냥의 단점을 생각해본다면 하이에나의 활동이 늘어날 수도 있다는 점이다(그렇지만 지금까지 하이에나가 밤에 활동하는 모습을 본 적이 없다. 하이에나는 낮에 활동하니 결정적인 이유가 될 수 없다). 수사자의 경우 밤에는 경쟁이 더 심해져서일까? 밤에는 기온이 조금 낮아지니 수사자에게 불리한 점이 약간 해결되기는 한다. 수사자는 갈기가 풍성하고 색깔이 짙어서 열에 적응하기가 쉽지 않으며 체온이 올라가기도 한다. 그렇지만 현재 두바에서 수사자는 별다른 영향력이 없다.

떠돌이 수사자가 밤에 활동하기 때문에 낮에 사냥하게 되었을까?(떠돌이 수사자가 없다)

그러므로 우리가 내린 결론은 세 번째 요인이다. 별다른 이유 없이 우연히 터득한 것이 효과가 있었을 뿐이다. 정말 수수께끼 같은 일이다. (몇몇 학자가 진지하게 말한 대로) 더운 날씨 때문에 낮에 잠을 자기가 힘들어서 사냥하는 것은 분명히 아니다. 이곳 사자들은 기온이 아무리 높아도 잠을 매우 잘 잔다.

나는 두바 사자가 낮의 열기를 뚫고 사냥하는 이유가 여러 가지 어려움은 있을지라도 낮에 사냥하는 패턴에 익숙해졌기 때문이라고 생각한다. 언제 새로운 사냥 방식을 찾을지는 알 수 없다.

두바 섬이 처음 생겼을 때와 지금은 상황이 많이 달라졌다. 스키머 무리는 더 이상 찾아오지 않는다. '외로운 암사자'는 여전히 홀로 지내지만 사냥은 차로 무리와 함께 하며, 새로이 나타난 수사자는 없다. 매년 아프리카들소의 수가 점점 늘어나는데도 단 하나의 사자 무리가 섬을 지배하는 것은 그들이 아프리카들소를 어떻게 사냥해야 하는지 정확히 알고 있기 때문이리라.

스키머 무리는 차로 무리의 영역을 자주 침범하곤 하는데,
밤에 강을 헤엄쳐서 건너와 차로 무리의 암사자들이 눈치채기 전에 아프리카들소를 가로채간다.

얄궂게도, 지금은 적수인 스키머 무리의 어린 수사자가
차로 무리의 미래를 책임질 가장 큰 희망일지도 모른다.

스키머 무리의 암사자는 차로 무리의 암사자만큼 체격이 크진 않지만
아프리카들소를 사냥하며 살아가는 솜씨 좋은 사냥꾼이다.

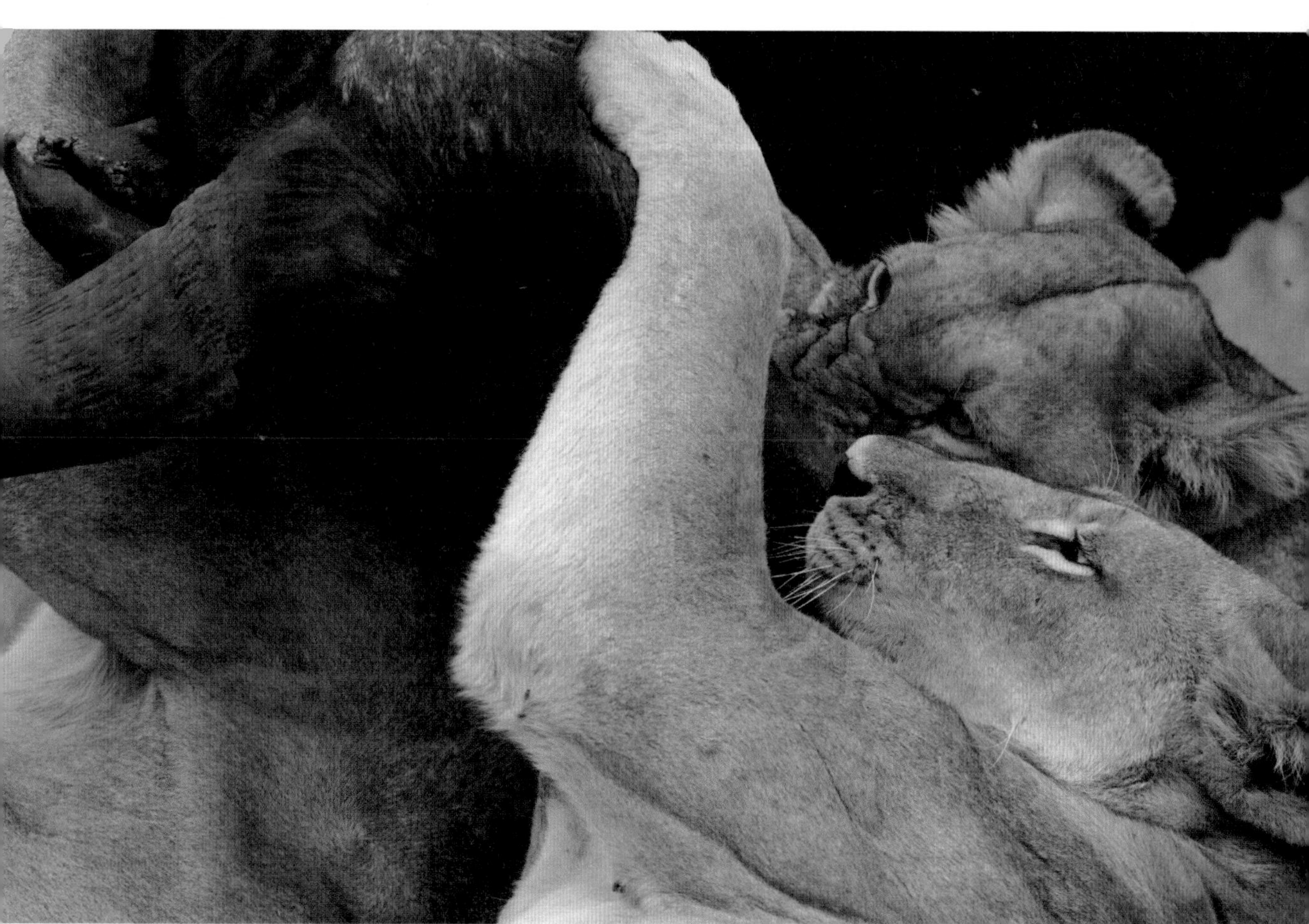

스키머 무리가 늪지대를 건너 이동하는 모습. 달빛에 비쳐 어둠 속의 진주처럼 희미하게 빛난다.

팬트리 무리, 초원의 잠행자

팬트리 무리는 한때 암사자가 8마리나 될 만큼 강력했다. 그중 한 마리는 굉장히 포악했고 나이도 가장 많은 듯했다. 그 암사자는 늘 우리가 탄 차에 무섭게 달려들었다. 한번은 마사라는 친구가 방문했는데, 이 암사자가 마사가 앉은 쪽으로 달려들었다. 어찌나 크게 울부짖는지 차 옆에서 덜그덕거리는 소리가 들렸다(분명히 차체가 들썩거린 소리였으리라). 그 암사자는 밤에 캠프를 어슬렁거리다가 행인을 공격하기도 했다.

어느 날 이 포악한 암사자는 자신이 감당하기 벅찬 크기의 아프리카들소를 상대하다가 내장이 드러나는 부상을 당했고, 일주일 동안 고통에 시달리다가 죽고 말았다. 팬트리 무리의 나머지 사자들도 하나씩 하나씩 아프리카들소 앞에 쓰러지거나 도망치고 말았다. 사자의 생애가 그러하듯이 팬트리 무리의 수명도 다해가고 있었고, 한동안은 무리에 3마리만 남아 있었다. 그들은 밤마다 캠프 뒤편에서 자신들의 운명에 저항하며 울부짖었고, 때로는 아프리카들소를 찾아 강을 건너기도 했다.

팬트리 무리의 사자는 '잠행자'다. 이들이 아프리카들소를 사냥하는 방법은 무리에 속한 사자의 수가 적어서일 수도 있고 들소에게 당한 피해가 컸기 때문일 수도 있는데, 아프리카들소 주변에 숨어서 몰래 다가가는 것이다. 그들은 풀숲에 몸을 숨기고 있다가 갑자기 나타나서 들소 떼를 놀라게 한 다음, 재빨리 주위를 둘러보며 사냥감을 물색한다.

어느 날, 남은 팬트리 무리 중 암사자 한 마리가 아프리카들소를 잡아 목을 물었다. 그 암사자는 거의 한 시간이나 매달려 있었다. 그동안 다른 사자들은 번갈아가며 아프리카들소의 등에 올라탔고, 동료를 구하러 온 수컷 들소 몇 마리의 끈질긴 공격을 막아냈다. 수컷 아프리카들소 한 마리가 고개를 숙이고 달려들어 암사자를 여러 번 들이받았는데, 대부분의 사자는 죽을 만한 공격이어서 암사자는 물고 있던 목을 놓을 수밖에 없어 보였다. 그러나 암사자는 연이은 공격에 타격을 입고도 몸을 잔뜩 웅크렸다. 결국 암사자는 목을 놓지 않은 채 들소 밑에 깔려 나뒹굴었고, 공격하던 수컷 아프리카들소는 암사자가 암컷 들소의 목 뒤로 숨어버리자 쓰러진 동료를 머리로 받았다. 마침내 암사자가 아프리카들소를 쓰러뜨렸다. 아프리카들소의 울음소리가 멎자 동료를 구하러 왔던 다른 들소들도 자리를 떠났고, 암사자는 그제야 들소의 목 뒤에서 기어나왔다. 이것이 우리가 본 암사자의 마지막 모습이었다. 용감하게 싸워서 이겼으나, 궁극적으로는 패배였다.

이 전투로 인해 팬트리 무리는 종말을 고했다. 살아남은 사자는 약해졌고, 사라졌다. 두바는 강한 자만이 살아남는 험난한 곳이다.

팬트리 무리는 차로 무리에 비해 몸집이 작지만 수는 많았다. 그러나 아프리카들소 사냥에 실패하는 바람에 그 수가 단 3마리로 줄었다.

팬트리 무리의 어린 수사자는 아프리카들소뿐만 아니라
두바의 다른 사자에게도 무자비하게 쫓기는 신세가 될 것이다.
결국 다른 수사자와 연합을 결성하거나 자신만의 무리를 이루기 전에는 말이다.

팬트리 무리는 이제 잠행자가 되었다.
수가 줄어서 정면공격을 할 수 없기 때문이기도 하고
아프리카들소의 눈에 띄면 쉽게 쫓겨나기 때문이다.

작전: 아프리카들소 떼를 분산시켜 나이 든 수컷 들소를 고립시킨 후,
이 거대한 수소를 넘어뜨리거나 움직이지 못하게 한다.
마지막으로, 무게를 실어 공격해서 힘으로 제압한다.

사냥

대낮에 끈질기게 이어지는 사냥은 눈에 뚜렷이 들어오기 때문에 그 효율성이 과장되는 측면이 있다. 그럼에도 매우 효율적으로 느껴졌기 때문에 실제 성공률이 얼마나 되는지 측정해보려 했다. 이를 판단하기 위해 사냥의 단계별 구성 요소를 고려해보았다. 결국 몇 가지 기본적인 기준을 정할 수 있었다. 휴식을 마치고 일어나기, 슬그머니 염탐하기, 추격과 사냥, 그러고 나서 실패 혹은 성공, 다시 휴식.

이렇게 정의한 이유는 사냥이 대개 추격하거나(스키머 무리의 전략이다), 곧바로 접근하면서(차로 무리의 전략이다) 시작되기 때문이다. 아프리카들소 떼는 무리를 지어 모인 다음 쫓아오거나 반격하다가 결국 도망친다. 사자는 이 시점에서 공격을 감행하여 성공하거나 실패하는데, 사냥은 멈추지 않고 계속된다. 우리가 내린 정의에 따르면 한 번 공격해서 3~4마리를 잡는 데 성공하더라도 이것이 한 번의 사냥이다. 아프리카를 관찰한 바에 따르면, 사자가 동물을 잡기 위해 달려가서 포기하든가 성공하기 전까지 몇 번씩 실패하는 것은 흔한 일이다. 사냥하는 동물이 임팔라이든, 아프리카들소이든, 코끼리이든 말이다. 그런데 이러한 기준에 따라 두바 사자의 실제 성공률을 계산해보니 약 25퍼센트로 아프리카의 다른 지역에 사는 사자들과 거의 같았다. 차이가 있다면 이곳의 사냥 시간이 더 길고, 성공할 때까지 거듭해서 사냥한다는 점일 것이다. 아프리카의 다른 지역에서는 몇 번 시도해서 실패하면 사냥감을 바꾸지만, 이 섬에서는 다르다. 두바에는 오직 한 마리의 포식자와 한 마리의 먹잇감이 있을 뿐이다. 오늘도, 내일도 마찬가지다.

그러나 사냥을 구경하는 재미는 상당한데, 사냥의 준비 과정이 매우 치밀하고 전략적일 뿐만 아니라 아주 대담한 것부터 아주 비열한 것까지 다양한 작전을 쓰기 때문이다. 두바 사자는 놀랍게도 아프리카들소보다 한 수 위인 전략을 보여주는데, 그들은 아프리카들소의 육체적인 능력만이 아니라 정신적인 능력까지도 시험한다. 사냥과 죽음 사이에 가장 눈에 띄는 차이가 발견되는 지점에서 승패가 갈린다. 내가 보기에 사냥은 정신적인 노력이고, 살생은 대개 육체적이다. 사냥이 더 흥미로운 이유다. 사냥은 계획을 세우고 사냥지를 이해해야 하며 스스로의 능력에 대한 자신감과 지식을 가져야 할 뿐만 아니라 앞서 사고하는 능력 또한 필요하다.

암사자는 종종 사냥이 시작되었는데도 이상한 방향을 향해 움직이곤 한다. 그러면 우리는 대개 이런 이야기를 나눈다. "무슨 생각을 하는 거지? 좋은 수라도 있나?" 사냥은 다음 수를 미리 생각해야 하는 체스 게임 같은 것이다. 체스를 공부하는 사람이 체스판을 보며 나지막이 "아, 이건 1971년에 카르포프(러시아 체스 선수, 전前 세계 챔피언)가 두었던 첫 수야"라고 말하는 것처럼, 우리는 이렇게 말한다. "아, 올드 파이선 섬에서 봤던 강을 건너는 작전이야."

이것이 사냥이고, 사자는 바로 사냥을 하기 위해 태어났다. 사자는 전략과 힘을 절묘하게 조합하는 것은 물론 다른 사자와 협력하기도 한다. 암사자는 주위를 둘러보고 다른 사자가 야자나무에 숨은 채 적당한 간격을 두고 떨어져 있다는 것을 확인한 후 다른 자리로 이동한다. 한 암사자가 모습을 드러냄으로써 들소 떼를 놀라게 해 야자나무 사이로 움직이게 할 수도 있다. 이번에 선공을 담당한 사자가 다음 사냥에서는 들소 떼를 몰고가는 역할을 맡는다. 사냥은 한번 시작되면 얼마나 지속될지 예측할 수 없는, 끊임없이 변화하는 전투다. 아프리카들소는 영리하다. 그들은 필사적으로 살아남으려 한다. 사자는 그들의 탈출을 막아야 하고, 그들보다 더 영리해야 하며, 그들의 약점을 찾아내야 한다. 또한 갑작스레 튀어나가는 들소를 공격해야 하는 사태에 항상 대비해야 하는 동시에 화난 들소가 갑작스레 대항하는 경우에도 대비해야 한다.

그렇다, 이것이 사냥이다!

멀리서 지켜보는 두 눈. 사냥감을 선택하고, 얼마나 위험할지 계산하고, 그 보상은 얼마나 될지 가늠한다.

사냥에는 목적이 있다. 누군가가 죽기 전까지 사냥은 끝나지 않는다.

사냥은 물속에서 먹잇감을 쫓으며 진행된다. 지금은 다음 공격까지 잠시 멈춘 상태다.

반격은 끊임없이 이어지는 사냥과 피할 수 없는 결말을 잠시 늦출 수 있을 뿐이다.
오늘이 아니면 내일, 내일이 아니면 그다음 날, 결말은 다가온다.

돌진하는 아프리카들소에 정면으로 맞서면
암사자는 아프리카들소에게 짓밟힐 수도 있다.

추격

차로 무리가 아프리카들소 떼에 접근하는 과정은 밀어내는 것으로 시작한다. 그러고 나서 갑자기 무슨 일인가가 벌어진다. 우리는 잠시 후에 그 일이 무엇인지 알게 된다. 어느 날 아프리카들소 떼를 발견했는데, 그들이 잠들어 있는 곳에서 채 3미터도 떨어지지 않은 곳에 사자가 잠들어 있었다. 기이한 일이었다. 사자가 아프리카들소 떼의 일부가 된 셈이었다. 이제는 서로에게 너무 익숙해져서 숨을 필요가 없었던 것이다. 사자는 때가 되면 아프리카들소를 잡을 수 있다는 사실을 잘 알기 때문에 잠을 잔 것이었다. 나는 언젠가 사자가 아프리카들소를 베고 잠들지도 모르겠다는 농담을 했다. 극단적인 말 같지만, 아프리카들소는 모두 깊이 잠들어 머리를 낮게 하고 사자를 마주한 채 휴식을 취하고 있었다.

마침내 2시간이 지나자 아프리카들소가 깨어났고 사자도 기지개를 켜며 일어섰다. 이번에는 아프리카들소가 반격하여 사자들을 쫓아냈다. 그렇지만 사자들은 번번이 되돌아왔다. 아프리카들소들은 방어하기 위해 한군데로 뭉쳤다. 이렇게 6시간이 흐르자 갑자기 아프리카들소가 사자를 향해 돌진하며 쫓기 시작했다. 이제 상황이 바뀌었다.

사자는 어깨를 나란히 하고 서서 으르렁거리며 울부짖기 시작했다. 하이에나를 막을 때나 자신들이 사냥한 아프리카들소 곁에 다른 들소가 가까이 오지 못하게 할 때 사자가 이렇게 행동하는 것을 본 적이 있다. 그러나 이번에는 아프리카들소가 사자를 막고 있었고, 사자는 이미 충분히 사냥한 상태였다. 암사자 한 마리가 아프리카들소를 향해 돌진했다. 아프리카들소를 추격해서 사냥하기 위해서가 아니었다. 머리를 쳐들고 목을 뺀 채 달리는 자세는 위협의 표시로, 말 그대로 돌진이었다(보통 사자끼리가 아니면 기껏해야 하이에나나 인간을 상대로 이런 행동을 한다). 아프리카들소 역시 무언가 바뀌었다는 것, 게임이 진지한 싸움으로 번진 것을 감지하곤 꼬리를 보이며 도망쳤다. 이때 갑자기 사자가 사냥을 시작했다. 그들은 귀를 세우고 목을 앞으로 길게 뺀 채 달렸다. 아프리카들소가 물속으로 뛰어들었다. 사자도 아프리카들소를 쫓아 물속으로 달려들었다. 물은 안중에도 없는 듯했다. 흥미진진하고 극적인 순간이었다. 암사자 7마리 모두 푸른 물속에서 주위를 살피며 기회를 엿보았다. 그들은 양치기 개처럼 아프리카들소를 한데 몰아 당황하게 만들었고, 흩어지지 않도록 애쓰며 옆을 쳤다. 그러고는 들소가 쓰러지기를 기다렸다.

기다리던 일이 벌어졌다. 어린 들소 한 마리가 넘어졌다가 재빨리 일어섰다. 그러나 땅에서 일어나는 순간조차도 긴 시간이었다. 암사자는 들소 떼가 지나간 자리로 몸을 날려 어린 들소에게 달려들었다. 둘의 모습은 물속으로 사라졌다. 그들이 다시 물위로 떠올랐을 때, 사자가 새끼 들소 위에 올라탄 모습을 본 어미 들소가 새끼를 구하기 위해 달려들었다. 어미 들소는 발굽으로 물을 튀기며 암사자의 머리 주변을 내리쳤다. 사방으로 물이 튀고 어미 들소가 발굽과 뿔을 마구 휘둘러대는 통에 사자의 모습은 보이지 않았고, 아프리카들소 떼는 엄청난 혼란에 휩싸였다. 그들은 자신들의 다리 사이에서 또 다른 연갈색 형체가 다른 새끼 들소에게 손을 뻗치고 있다는 것을 곧 깨달았다.

이 모든 일이 벌어지고 있는 동안 우리는 그들을 어지러이 뒤쫓고 있었다. 그나마 마른 듯 보이는 땅을 골라가며 늪으로 향했고, 사자의 갈기로 보이는 것을 쫓아서 물을 헤치고 전진했다. 사자가 지나간 길은 자동차 역시 지나갈 수 있을 테니 말이다. 물이 더 깊어지자 사자들은 헤엄을 쳐야 했고, 우리는 논리적으로 생각하기를 포기한 채 위험을 무릅쓰고 건너가기로 결정했다. 수

심이 가장 깊은 곳과 진창투성이인 곳을 건넜고, 사자와 들소 양쪽 모두의 죽음을 촬영했다. 이런 일이 끝나면, 우리는 여기저기 피가 낭자한 곳에서 의자에 기대앉아 나지막이 이야기를 나누거나 지나간 순간을 숙고한다.

사자들이 아프리카들소를 벽처럼 에워싸며 사냥을 시작하는 순간은 늘 가슴 떨린다.
사자들이 사냥감을 결정하는 듯한 순간, 그들이 사냥을 함께할지 결정하는 듯한 순간이 있다.
우리가 사냥감이라면 오싹한 광경이겠지만서도.

물에서는 재빨리 움직이기가 어렵다. 암사자는 물에서 먹이를 쫓아 달릴 때 모든 힘과 에너지를 쏟아붓는다. 아마도 그로 인해서 몸집이 거대해진 것 같다.

추격하는 동안에는 잡념이 사라진다. 사자는 한 가지 목표물에만 매달리고 또 그래야만 한다.
몸집이 커다란 들소는 돌아서서 반격하기도 하지만, 그 결과는 치명적이다.

사자가 동물을 놀라게만 하는 존재에서 먹이를 향해 돌진하고 사냥하는 포식자로, 진화의 정점에 오른 살육자로 변신하여 자신이 사냥을 위해 태어난 존재임을 보여주는 순간은 정말 황홀하다.

공중에서 보면 그들이 추는 춤이 더욱 뚜렷해지고, 그 전략 역시 눈에 쉽게 들어온다. 차로 무리의 암사자는 정면공격을 위한 대열을 형성하고 자신감 있게 달려드는데, 아프리카들소 떼는 혼란 상태에 빠진다.

늪에서 하루 종일 힘겨운 싸움을 벌인 끝에 잡은 새끼 들소 한 마리는
죽이기 쉬워 보일지 몰라도 힘들고 지친 사자에게는 크나큰 보상이다.

살생

우리는 수천 번의 살생을 지켜보면서 그 방법의 경이로움을 드러내는 장면을 충분히 보았지만, 정서적으로 충격을 받은 적은 그리 많지 않았다. 어떤 장면은 그 방법이나 정서 모두 충격적이다. 때로는 그저 슬프다.

가장 마음이 아픈 순간은 역시 우리가 알고 지낸 아프리카들소가 죽음을 맞았을 때다. 우리는 아프리카들소 무리와 오랜 시간을 보냈기 때문에 그들을 잘 알고 있었다. 어미 아프리카들소가 새끼를 지키려던 끝에 죽음을 당하는 모습도 지켜보기가 힘들었다. 흥미로운 점은 우리가 알고 인격을 부여한 동물이 죽는 모습을 보면 그 감정이 더 크게 느껴진다는 것이다. 아프리카를 방문하고 우리 영화를 보는 사람들 대부분은 우리가 느끼는 것보다도 더 쉽게 상처받고, 동물들이 잔인하게 죽어가는 모습에 크게 동요한다.

불필요한 감상은 미뤄두고서라도 나는 동물 역시 힘겨워하고 고통받으며, 동물의 감정이 인간과 똑같지 않더라도 그들 나름의 방식으로 느낄 것이라고 확신한다. 아프리카들소는 잔인한 공격을 받고서도 몇 분 지나지 않아 풀을 뜯기 위해 자리를 잡는다. 어떤 들소는 잠을 자고 또 어떤 들소는 아침에 먹은 풀을 되새김질하지만, 감정적 스트레스를 드러내는 들소는 단 한 마리도 없다. 고통스럽고 힘겨울 것이 분명한데도 불구하고. 그들은 위협과 공격을 받으며 살아간다. 나는 압박 속에서도 놀라운 솜씨로 어려움을 멋지게 극복하는 인간처럼 그들 역시 상상조차 하기 어려운 고난을 이겨낼 수 있다고 생각한다.

질식은 대형 동물을 죽이기 좋은 방법이다. 보통 목을 물어서 호흡기관을 잘라내는 식이다. 대형 수컷 들소의 경우, 사자는 자신의 입으로 들소의 코와 입을 덮어버린다. 그러나 새끼 들소처럼 작은 동물은 죽일 필요가 없다. 사자는 오직 먹기 위해서 죽이기 때문에 도망치지 못하는 동물은 산 채로 먹는다. 하이에나가 많이 서식하는 지역에서만 먹이가 울음소리를 내지 못하게 숨을 끊을 필요가 있다.

이는 새끼가 산 채로 먹히는 경우가 많다는 뜻이다. 사자가 비겁해서가 아니라 단지 그런 식으로 되는 것일 뿐이고, 그것이 우리가 그들을 경외하는 이유이기도 하다. 새끼 들소가 울부짖는 동안 암사자 8마리는 수사자가 와서 그들의 먹잇감을 먹어치우기 전에 먼저 배를 채우기 위해 새끼 들소의 살점을 허겁지겁 삼키려고 필사적으로 다툰다. 이는 인류의 불멸성과 신, 그러한 고통을 창조할 수 있는 능력에 의문을 품게 한다.

우리가 내릴 수 있는 최선의 결론은 삶이 지속되는 한 충만하고 열정적으로 살아야 한다는 것이다.

그렇지만 같은 이유로, 먹잇감이 정신을 잃은 상태여서 아무것도 느끼지 못한다고 할 수는 없다. 이런 모습을 직접 보는 것에는 큰 부담이 뒤따르며, 나는 결코 익숙해지지 못할 것이다. 살생이란 분명히 폭력적이지만 거기에 악의나 의도적인 잔인함은 없다. 그다지 위안은 되지 않겠지만, 바로 그것이 인간과 사자를 구분짓는다.

짙푸른 겨울밤이 찬 새벽으로 바뀌는 동안, 우리는 한데 모여 김이 모락모락 피어오르는 루이보스 차를 마시며 잠든 사자가 깨어나기를 기다렸다. 우리가 그들을 발견했을 때는 하늘이 푸르스름하게 바뀔 무렵이었다. 해는 금세 떠올라 잠자는 사자에게 그날의 첫 햇살을 비추었다. 차로 무리의 암사자 8마리와 살아남은 새끼 사자 2마리가 평화로이 엎드려 있었고, 그로부터 200걸음 떨어진 곳에는 아프리카들소 1200여 마리가 모여 있었다. 또다시 두바의 하루가 밝았다.

아프리카들소 무리가 선두부터 천천히 일어나 느릿느릿 자리를 떠났고, 곧 사자 앞에는 들소 수백 마리만 남았다. 앞장선 들소는 이미 차가운 물을 헤치고 나아가고 있었다. 암사자들은 평소처럼 서로 인사를 나누었고, 몇 마리는 몸을 풀기 위해 잡기 놀이를 하기도 했다. 그런 후 암사자들은 들소 떼를 향해 다가갔다. 그중 1~2마리는 자세를 낮추고 감시 자세를 취했다. 이는 차로 무리의 암사자에게 흔치 않은 일이었지만 곁에 있던 다른 암사자들은 크게 신경쓰지 않는 모습이었다. 그때까지는 일상적인 아침 풍경이었다.

들소 떼는 오른쪽에서 왼쪽으로 사자가 있는 곳을 가로질러 움직였다. 대부분은 물에 들어가 있거나 웅덩이를 이루는 작은 도랑을 건너고 있었다. 사자를 쳐다보니 그들 모두 들소 떼를 관찰하고 있었고 제각기 다른 곳을 보고 있었다. "오늘은 뭔가 다른 모습인데." 내가 말하자 베벌리가 대답했다. "그래요. 굉장히 진지한데요."

베벌리는 수컷 들소가 드러눕는 것을 보았고, 그 순간 나는 왼쪽에 있던 암사자가 반응하는 모습을 보았다. 나는 웅크린 암사자의 모습을 사냥개처럼 재빨리 쫓았다. 암사자는 베벌리가 본 들소를 노리고 있었다. 암사자 8마리가 풀밭에 혼자 고립된 들소를 에워쌌다. 그들은 머리를 낮추고 단 한 가지, 아프리카들소를 잡는 일에만 집중했다.

수컷 들소가 펄쩍 뛰어올랐지만 너무 늦었다. 그는 암사자 1마리와 정면으로 마주치자 충동적으로 전속력을 다해 달려들었다. 암사자는 들소의 측면을 공격하고 밀려났지만, 다른 사자들이

들소의 다리와 등을 붙잡았다. 놀랍게도 들소가 갑자기 쓰러졌다. 상황을 미처 알아채기도 전에 벌어진 일이라 카메라를 작동시켜야 한다는 생각조차 하지 못했다. 순식간이었지만 결국 그 장면을 필름에 담을 수 있었다.

촬영을 시작한 우리는 그들에게 천천히 다가가 죽음의 목격자인 듯 숨죽이고 있었다. 그런데 그때 수컷 들소 2마리와 암컷 들소 1마리가 다가오는 모습이 보였다. 그들은 코를 킁킁거리고 혀를 콧구멍에 툭툭 치며 멈칫거리면서 다가왔다.

우리는 기다렸다. 사자가 들소를 너무 쉽게 넘어뜨려서 그 빠르기와 힘에 깜짝 놀랐다. 나는 렌즈를 들여다보느라 '구조대'가 3마리에서 1000여 마리까지 늘어난 사실을 눈치채지 못했다. 아프리카들소 무리 전부가 쓰러진 들소를 보고 끙끙대며 돌아왔다.

사자는 먹이를 향해 으르렁거리고 꼬리를 툭툭 쳐대고 귀를 뒤로 젖히는 등 온갖 자세를 보였다. 반대편에서는 들소가 천천히 힘을 모으고 있었다. 사자는 죽은 들소의 뒤에 있는 풀밭에 줄지어 납작 엎드렸고, 들소 떼는 한 번에 한 걸음씩 다가오기 시작했다. 맨 앞에 선 들소가 사자와 대여섯 걸음 떨어진 곳까지 다가왔다. 그때 대담한 암사자 한 마리가 갑작스레 뛰어들자 들소는 한두 걸음 물러났다. 그들은 재차 코를 훑더니 방금 왔던 길로 물러났다. 사자는 더 크게 으르렁대며 꼬리를 바닥에 쳐서 불쾌감을 표시했다. 다른 암사자가 앞으로 달려나갔지만 들소 떼는 지난번에 배운 것을 기억하고 사자를 향해 전진했다. 그들은 죽은 들소의 뒤에 있던 사자가 나타나 머리를 숙이며 항복하자 공격을 감행했다. 들소 떼는 이 전장에서 떨어진 풀밭에 난 길을 따라 달리기 시작했다.

달리는 들소에 올라타기.
차로 무리의 암사자가 달리는 들소 암컷을 제압하기 위해 싸우고 있다.

커다란 수컷 들소가 힘과 무게로 맞서지만 사자의 폭력성을 감당하기에는 힘이 부친다. 7시간에 걸친 전투 끝에 죽을 고비를 수없이 넘기며 버텨온 기나긴 삶을 마감한다.

수컷 들소가 차로 무리의 암사자 7마리에게 제압당한다.
사자의 체중을 모두 합하면 1200킬로그램으로,
아프리카들소 한 마리의 체중과 비슷하기 때문이다.

쓰러진 수컷 아프리카들소가 울부짖는 소리에 다른 들소가 되돌아온다.
이들의 무시무시한 뿔과 날카로운 발굽에는 아무리 용감한 동물이라도 겁을 먹을 수밖에 없다.

평원의 생존 투쟁은 끝없이 펼쳐진다. 아프리카들소는 매 순간 살기 위해 싸우고,
사자는 굶주림을 해결하기 위해 몸을 던진다.

들소 떼는 격분해서 닥치는 대로 사자를 쫓아 달렸고, 쓰러진 들소를 짓밟고 뿔로 찔러댔다. 쓰러진 들소를 일으키려는 것 같았다. 으르렁거리며 울부짖는 사자에게 답하듯이 침을 뱉으며 분노를 표출했다. 주위는 그들이 내는 소리로 가득했고, 어느 틈엔가 우리는 전장 한복판에 있었다. 사자가 들소에게 쫓겨 차 주변으로 뛰어오면서 그들의 침과 피가 우리에게까지 튀었다. 포식자나 사냥감 그중 누구도 우리를 안중에 두지 않았다. 닫혀 있던 창이 열린 것 같았다. 몇 년 동안 유리를 통해 보고 있었는데, 그 투명한 장막이 사라졌고 우리는 그들의 세계 안에 있었다.

사냥을 마무리하는 기술은 목을 한번에 물어 죽이는 것이다.

2005년 5월의 일기

오늘은 신기하게도 찬바람이 불어 잠에서 깼다.
촬영하러 가는 길에(결국 못 찍었지만) 굉장히 상쾌하고 시원한 물을 건넜다.
새끼 사자를 데리고 아프리카들소 떼 주위를 지나치는 어느 암사자의 모습을
대규모 사자 무리가 바라보고 있었다. 암사자는 그 무리를 늘 피해 다니지만 골목을 돌아서면
자주 마주치게 될 것이다. (…) 결전의 그날이 다가오는 듯한데 촬영할 수 있기를 바란다.
우리는 사자 무리 곁에 머물며 들소 사냥을 기다렸다. 사자 무리는 지난주에
들소 떼에게 뒤통수를 얻어맞은 후 여전히 경계를 늦추지 않고 있다.

이 영화를 찍으면서 안정감 있는 화면을 위해 떨림 방지 장치가 장착된 헬리콥터를 사용했다.
베벌리도 함께 이런 사치를 누렸다. 헬리콥터가 이륙하기 전에 나는 개방형 문에 번지점프용 로프를 묶었다.
베벌리는 1300미터 상공에서 밖을 한번 쳐다보더니,
높은 지붕 위에 올라간 고양이처럼 간신히 제자리로 돌아왔다.

쓰러진 들소가 몸을 굴려 배를 깔고 엎드렸다. 수컷 들소 한 마리가 쓰러진 들소의 뿔 아래에 자신의 뿔을 밀어 넣고 머리를 뒤로 젖혔다. 그 덕에 다친 들소가 힘겹게 일어났고, 그 곁으로 다른 들소들이 모여들었다. 얼마 지나지 않아 그 주변은 서로 밀치며 물에 들어가려는 들소로 가득 찼다.

사자가 다시 모여 달려왔다. 들소 떼는 도망쳤다. 홀로 남겨진 다친 들소가 구석에 몰려 야자나무를 등진 채 뿔을 마구 휘두르며 필사적으로 싸웠다. 울부짖는 소리에 들소 떼가 다시금 되돌아왔다. 이번에는 주저하는 기색이 없었다. 들소 떼는 뿔과 육중한 체구, 날카로운 발굽을 앞세워 돌진했고, 사자는 공격당하는 것을 깨닫고 안전을 위해 물로 뛰어들었다. 이번에는 무리 뒤쪽에서 방어하는 동안 다친 들소가 무리에 안전하게 합류했다.

다친 들소 주위로 다른 들소 여러 마리가 모여들었다. 다친 들소는 3분 이상 땅에 쓰러져 있었고, 사자에게 부드러운 부위를 물어뜯겼다. 부상당한 부위에서 피가 흐르자 그것을 본 수컷과 암컷, 새끼 들소가 몰려들어서 흐르는 피와 부상당한 부위를 핥았다. 다친 들소는 쏟아지는 관심 덕에 기운을 차렸다. 베벌리와 나는 들소가 몰려든 것이 피의 짠맛 때문인지 아니면 다른 이유 때문인지 토론했다. 동정 어린 관심의 표현이거나 타액에 들어 있는 소독 성분 때문에 상처를 치료할 수 있어서가 아닐까 싶었다. 나는 짠맛 때문이라고 생각했다. 그런데 아프리카들소는 상당히 거칠게 달려들어 경쟁적으로 피를 핥고 냄새를 맡았다. 다친 들소는 다리가 밟히자 그들을 두어 번 쫓아내기도 했다. 그러다가 어떤 들소가 등에 올라타 짝짓기를 시작했다. 시늉만 하는 것 같기도 했는데, 올라탄 들소가 암컷이었기 때문이다! 그 암컷 들소는 곧 다른 들소에게 밀려났고, 이번에는 수컷이었다. 이런 상황은 계속되었다. 부상당한 들소가 무리와 함께 있는 동안, 무리는 다친 들소에 올라타 피를 핥고 몸을 부딪쳤다. 다친 들소는 점점 무리 바깥으로 밀려났고, 그곳에는 사자가 기다리고 있었다.

공격하는 사이에 10분 정도씩 몇 번 쉰 것을 제외하면, 우리는 한낮에 6시간이나 들소와 함께 했다. 사자는 경계를 늦추지 않고 전방을 주시했다. 수컷 들소를 10번은 쓰러트렸지만 들소 무리 때문에 번번이 실패했다. 사자는 물을 건너 탁 트인 풀밭으로 이동했고, 추격하고 공격하고 물에 뛰어들고 들소의 공격을 피하면서도 다친 들소 주변을 내내 맴돌았다.

이런 교착 상태가 끝나지 않겠다고 생각하던 중, 마침내 수컷 들소 한 마리가 무리에서 걸어 나왔다. 나는 그가 다친 들소에게 다가가는 것을 보고 촬영을 다시 시작했다. 그 들소는 다친 들소를 향해 머리를 숙여 뿔로 들이받으며 난폭하게 공격했다. 그는 이어 뿔을 이용해 다친 들소가 움직이지 못하게 고정시키고 계속해서 옆구리를 가격하더니 결국에는 다친 들소를 어린아이 들어올리듯 가뿐하게 던져올렸다. 다친 들소는 쓰러져 나뒹굴었다. 공격한 들소의 뿔은 피가 묻어 빛났다. 그는 한발 물러났다가 머리로 한 번 더 들이받더니 쓰러진 들소에게서 등을 돌리고 자리를 떠났다.

들소 떼는 그를 따라갔고, 잠시 후 차로 무리는 다친 들소를 죽였다. 7시간에 걸친 전투였는데도 사자는 지치지 않았다. 들소 떼가 멋지게 방어해서 사자는 다친 들소의 피뿐만 아니라 자신들의 피도 뒤집어써야 했다. 전투에서는 훌륭한 적에게 경의를 표한다. 그러나 이들은 영광을 누리기 위해 싸우지 않는다. 조국에 대한 애국심이나 훈장, 용감하게 싸운 병사를 위해 색종이를 뿌

벽에 둘러싸여 갈 곳이 없지만 사자에겐 강철 같은 정신이 있다.

려대며 벌이는 행진 따위도 없다. 언젠가 반격을 펼치리라는 결의 또한 없다. 사자는 배를 채우기 위해 싸우고, 들소는 살기 위해 싸운다.

왜 그 들소가 앞으로 나서서 모든 상황을 끝냈는지 우리는 알 수 없다. 최선의 가설은 계속 바뀌겠지만, 지금 생각하기에는 그 들소가 이미 할 만큼 했기 때문인 듯하다. 어쩌면 그 들소는 시끌벅적한 소동으로 하루를 망치자 화가 났을 수도 있다. 혹은 서열이 높은 들소가 부상을 당하자 비슷한 서열이었던 들소가 그를 쫓아내려고 했을 수도 있다. 그도 아니라면 안락사를 시도한 것일 수도 있다(너무 멀리 간 것 같기도 하다). 다친 들소에게서 사자 냄새가 나기 시작했거나 그가 기이한 행동을 했기 때문에 없애려 한 것일 수도 있다. 부상당한 들소 때문에 사자의 주의를 끌면 생활이 불안정해지기 때문일 수도 있다. 그 들소는 분명 끝내려는 태도였다. 들소 무리는 이 사건 이후로 이동했고, 그 전에는 움직이지 않았다. 그리고 우리에게 열렸던 창은 닫혔다. 닫힌 창을 통해서도 그들의 세상을 볼 수 있는 것은 사실이지만, 우리는 꿈에서 깨어나듯 다시 현실로 돌아왔다. 강렬했던 순간은 끝났다.

우리는 그들의 세상을 들여다볼 수 있었지만, 몇 번의 전투와 들소의 불가사의한 동기에 대해 분석하고 의견을 나누면서 갑자기 파도처럼 밀려오는 피로를 느꼈다. 처절하게 죽어간 들소에 대한 슬픔도 어느 정도 있었겠지만, 피로의 대부분은 카메라의 초점과 노출을 맞추느라 집중하던 상태에서 벗어나 긴장이 풀려서였을 것이다. 특히 나는 화각과 초점 거리를 다양하게 조정해야 했는데, 다른 사람에게도 우리가 느꼈던 것만큼 잊을 수 없는 장면을 보여줘야 했기 때문이다. 이런 피로는 악마를 만난 것처럼 머리로 받아들이기 어려운 일을 겪었을 때, 어쩔 수 없이 자신의 죽음에 대해 생각해야 했을 때 느끼는 피로감과 비슷할 것이다.

다친 들소는 거듭해서 악마와 마주쳤다. 동정심이라고는 찾아볼 수 없는 무심한 눈동자였다. 돌아설 때마다 사자가 악몽처럼 모습을 드러냈고, 그럴 때마다 들소는 포기할 수 있었다. 들소는 여러 번 포기했을 테지만, 더 강력한 힘이 안에서 솟아나 그를 일으켰고 다시 싸우게 했다. 물론 아무 소용도 없었다. 그렇다면 우리는 어떠한가?

내가 이 글을 쓰고 있는 지금, 밖은 칠흑같이 어둡다. 하이에나가 캠프 주변을 서성인다. 밖에 나가서 하이에나가 나를 쫓아온 자국을 살펴본다. 하이에나는 몸집이 작지만 이곳이 때로는, 아니 언제나 냉혹한 곳이라는 사실을 떠올리게 한다. 우리가 여기에 있든 없든 상관없이 말이다. 아프리카는 우리보다 오래도록 남아 있을 것이다. 어쩌면 파도에 휩싸여 물에 빠진 사람처럼, 우리 역시 다른 생물의 발목을 잡고 버틸지도 모른다. 그렇지만 이곳과 이곳의 영혼은 우리보다 더 오랫동안 살아남을 것이다. 나는 우리가 어떤 식으로 끝을 마주할지 궁금하다. 우리가 아프리카들소를 판단하듯이 인간에 의해 심판받는 것이 당연한 일일까? 누구도 그렇지 않을 것이다. 그렇다면 우리는 어떻게 할 것인가?

들소의 죽음은 두바 여정의 정점이었다. 신비롭고 육체적이었던 여행이 형이상학적인 깨달음으로 바뀌고, 생명 활동이 죽음과 미지의 것으로 전이되는 강렬한 순간이었다. 모든 전이, 특히 미지와 위험으로의 전이는 짜릿하고 활기차다. 그러니 이 여행 또한 그럴 것이다. 그것이 들소의 여행이든, 사자의 여행이든, 우리의 여행이든.

그런 강렬한 순간에 우리가 아무것도 깨닫지 못한다면 아무 의미가 없다. 사자를 (재미나 오락

거리로) 죽여 즐거움을 찾는 둔감한 사람만이 죽음을 보며 즐거워한다. 죽음에서 가르침이나 내적인 여정을 경험하지 못한다면 자신에게 찾아온 중요한 순간을 회피하는 셈이고, 깨달음을 얻지 못하는 겉치레에 불과하니 시간낭비일 뿐이다.

들소가 죽은 날, 우리는 더 이상 차로 무리를 쫓아가거나 스키머 무리를 찾으려고 하지 않았다. 우리는 강으로 가서 한동안 그곳에 앉아 있었다.

들소 떼가 사자를 제압하고 쓰러진 동료를 데려가기 위해
다가오기 전까지 암사자는 홀로 버틴다.

차로 무리의 암사자는 첫 공격으로
암컷 아프리카들소를 쓰러뜨리기도 할 만큼 체구가 육중하다.

커다란 암컷 아프리카들소가 자신을 공격한 사자를 떨쳐내려 한다.
이 거구들의 대결은 어느 한쪽이 지거나, 물과 악어에 대한 공포감에 압도당해
스스로 물러날 때까지 계속된다.

아프리카들소가 태어나는 우기에 사자는 색다른 작전을 쓴다.
들소 떼를 쫓다가 뒤처진 어미 들소를 찾는데, 이는 새끼 들소가 있다는 신호다.
갓 태어난 새끼 들소는 손쉽게 사냥할 수 있다.

새끼 들소가 공격당하면 보통 가족들이 새끼를 구하기 위해 되돌아온다.
20마리나 되는 들소가 몰려오면 무시무시하고 공격적이다.
때로는 후퇴가 최선이다.

실버아이가 전략적인 후퇴를 거듭한 끝에 부상당한 암컷 들소를 쓰러뜨리고 만다.
들소가 뿔을 앞세워 공격하는 사자를 떼어내려 하지만, 이미 피 맛을 본 사자가 먹이를 내버려두고
가는 경우는 거의 없다. 쓰러진 들소의 가족들이 아무리 애를 써도 죽음의 순간은 피할 수 없다.

우리는 끊임없이 펼쳐지는 극적인 드라마에서 물러나 잠시 휴식해야 했을지 몰라도 사자는 아니었다. 수컷 들소는 독수리가 서로 다투며 날아다니는 하늘 아래 붉은 빛깔 흙먼지로 사라졌다. 암사자 9마리, 수사자 2마리, 이제 살이 좀 붙은 새끼 사자 2마리가 들소를 흔적도 남기지 않고 모두 먹어치우곤 다시 사냥에 나섰다.

새벽 공기는 두바 최고의 향기로 가득했다. 무슨 일이 일어날 듯한 예감이다.

드물게도 하이에나가 아침부터 찾아왔다. 하이에나는 먼저 권양기(밧줄이나 쇠사슬로 무거운 물건을 들어올리거나 내리는 기계) 케이블 덮개를 물어뜯었다. 암사자 3마리를 상대로 장난을 치면서 그들이 화내기 직전까지 괴롭혔고, 사자가 먹이로 점찍은 나이 든 들소를 다른 곳으로 물러가게 했다. 차로 무리의 암사자는 무리 일부만으로는 취약했기 때문에 골칫거리를 피해 물을 헤치고 자리를 떠났다.

그런데 상황이 이상하게 전개되어 하이에나는 갑자기 들소에게 눈독을 들이기 시작했고, 암사자는 어느 틈에 우르르 몰려다니는 들소 떼 앞에 있었다. 들소를 공격하기에 이상적인 위치였다. 새끼 들소 2마리가 물보라를 일으키며 죽었다. 필사적으로 새끼 들소를 구하려 했던 어미 들소는 물보라 때문에 시야가 흐려져 우왕좌왕했다. 그런데 우리는 이상하게도 사부티에서 경험했던 일을 떠올렸고, 나무 사이에서 이상한 기운을 느꼈다. 잠시 후, 하이에나가 전리품을 빼앗기 위해 군침을 삼키며 앞으로 달려나왔다. 뒤이어 성난 하이에나 13마리가 껑충껑충 물을 가르며 나타나 사자에게 달려들었다. 단 몇 초 만에 상황이 끝나고 말았다. 심리적 공격이라는 단순한 전략이 사자를 압도했고, 사자는 자신감을 잃었다. 두바에서는 보지 못했던 하이에나의 탈취였다. 잔인한 데다 신속하고 정확했다.

사냥감을 잡아 죽인다고 끝나는 것이 아니다. 몇 시간 동안 물에서 들소를 몰고 다니고, 들소 떼를 쫓아다니고, 무시무시한 뿔 공격과 육중한 체구를 피해 다닌다고 해도, 사자는 잡은 먹이를 차지하는 만큼 빼앗기는 경우도 허다하다. 하이에나도 무수한 방해꾼 중 하나일 뿐이다. 수사자 역시 마찬가지다. 주위를 경계하고 보호해주는 일을 빼면 사실 암사자에게 기생하며 살고 있다고 할 수 있다.

조지프 콘래드는 이렇게 썼다. "행동(전투)은 위안을 준다. 그것은 사고思考의 적이며 좋은 말을 늘어놓는 아첨꾼일 뿐이다."

사바나와 두바의 늪에서는 매일 전투가 일어나지만, 그것은 좋은 말을 늘어놓는 아첨꾼이라기보다는 다양한 사고를 할 수 있도록 영감을 주는 자극제다.

사자의 악몽에서 튀어나온 괴물인 듯한 하이에나는 아무리 용감한 사람이라도 두려움을 느낄 만하다.

하이에나의 몸은 작지만 효율적이어서, 기습을 통해 사자의 먹잇감을 가로채간다.
하이에나가 위협하듯 공격적으로 접근하면 사자는 대개 달아나고 만다.

사자에게 아프리카들소 1000마리보다 하이에나 13마리가 훨씬 더 위협적이라는 사실은 놀랍다.
때때로 사자는 자신이 사냥한 아프리카들소를 빼앗기고 만다. 이날은 하이에나의 날이다.

사자의 얼굴을 뒤덮은 이 상징적인 분장은 아름답지만,
그 안에 담긴 의미는 끔찍하다. 그녀와 새끼 사자를 배불리기 위해 누군가가 죽었다.

2009년 5월의 일기 중에서

정신없는 날이었다! 우리는 동이 트기도 전에 차로 무리가 무언가를 쫓는 모습을 우연히 보게 되었다. 암사자가 느닷없이 풀밭으로 뛰어들어 알아볼 수 없는 것에 올라탔는데, 일어서는 모습을 보니 커다란 수컷 아프리카들소였다. 암사자는 마치 로데오 경기를 하듯 무리가 올 때까지 버텼다. 나는 이 장면을 모두 촬영했다.
암사자가 들소에 올라타는 장면을 찍어서 기뻤지만 앞으로 무슨 일이 벌어질지 알 수 없었다. 전투는 3시간 동안 지속됐다. 암사자는 거듭해서 들소 위에 올라탔다. 완전히 아수라장이었지만 멋진 순간들은 모두 고속촬영으로 담아냈다. 그리고 결국 전쟁터라고밖에는 표현할 길 없는 그곳에서 완전히 지친 채 빠져나왔다.

우리의 비밀 병기는 시간이다. 매일 사자와 함께 움직이며 일한다.
나중에는 사자도 우리에게 익숙해져서 마치 우리가 없는 것처럼 먹이를 사냥하고 먹는다.

수사자와 그의 짝 마디타우는 가족을 위해 열심히 싸웠고,
그들 무리가 영토를 물려받기로 되어 있었다. 그러나 약탈자 사자가 나타나자 모든 것이 바뀌었다.
새로운 시대의 서막이 열리기 시작했다.

고양잇과 동물이 움직이기 시작할 때
물을 건너거나 다른 포식자를 만나는 것은 걸림돌이 되지 않는다.

끝으로

이 이야기는 여러분과 아프리카들소, 사자 그리고 우리 각자의 여행이다. 이 여행에서 배우는 것은 서로 다를 것이다. 여행의 주제는 기괴하면서도 분명하다. 그것은 우리를 쫓아와 우리와 대면할 것이지만, 각자가 느끼는 시간의 눈금은 다르다.

얼핏 보면 사자는 많은 것을 얻는다. 쫓고, 추격하고, 살육하는 방식이 아프리카는 물론 보츠와나 어디에서도 찾아보기 어려울 만큼 다르다. 사자는 매일 학습한다. 그들은 절대 돌아서지 않는다.

아프리카들소도 마찬가지로 이 섬에서 살아남는 방법을 배웠다. 그들이 이 섬을 떠나지 않는 이유는 수수께끼다. 우리가 그동안 작업했던 아프리카 대륙의 다른 지방에서, 아프리카들소는 사자에게 공격받으면 곧장 자신의 영역에서 가장 멀고 후미진 곳으로 밀려났다. 이곳에서는 차로 무리는 물론 팬트리 무리와 스키머 무리까지 마주쳐야 하고, 하루에 3마리꼴로 희생당한다. 그런데도 그들은 사자의 공격을 받은 후 그 근처에 머물거나 심지어 잠을 자기도 한다. 방금 사냥을 끝낸 사자의 곁이 가장 안전하다는 사실을 알기 때문일 수도 있다. 혹은 그들이 겪는 스트레스의 후유증일지도 모른다. 그러나 들소가 죽은 후에 멀리 달아나지는 않을 정도인 듯하다.

또한 아프리카들소는 사자의 공격에 대한 최선의 방어가 바로 잠이라는 것도 터득했다! 그들은 사자가 한창 공격 중일 때에도 한군데 모여 1~2시간씩 낮잠을 자는 경우가 허다하다. 그 시간에는 사자 역시 잠을 자는 것 말고는 달리 할 일이 없다. 한데 모여 어린 새끼 들소를 무리 안에 숨기고 뿔을 밖으로 향한 채 잠든 아프리카들소 떼를 공격하는 것은 불가능하다. 사자는 들소 무리 안에서 단점과 약점을 발견하기 위해 들소의 움직임을 이용하는데, 한데 모여 휴식을 취하면 이러한 약점 또한 감출 수 있다.

무더운 날씨에 햇빛 아래에서의 휴식이 길어지면 사자는 열기에 지쳐 한계에 도달하는 반면, 이유는 알 수 없지만 햇빛 아래에서도 아무런 문제가 없는 아프리카들소는 헐떡이는 사자를 뒤로하고 일어나 다른 곳으로 이동한다. 그러나 사자는 힘겹게 일어나서 그들을 쫓아간다. 이러한 행태는 군비 경쟁이라도 벌이듯 반복된다.

배움에 굶주린 학생처럼 이런 순간을 있는 그대로 받아들이는 것이 때때로 받아들이기 매우 힘든 일을 처리하는 우리 방식이다. 베벌리와 내가 선택한 삶은 순탄치 않으며 때로는 한계에 마주쳐 힘들기도 하지만, 가장 즐거운 순간은 과거의 야성과 현재의 지성이 만나는 곳에 있을 때다. 바로 그 순간 그곳에 있을 때, 우리는 진정으로 살아 있음을 느낀다.

그러나 어떤 삶을 선택하든 우리는 원시인에게서 물려받은 원시적인 수준의 복잡함과 사소한 어려움이 뒤얽힌 삶을 살게 마련이다. 가끔 알게 모르게 폐를 채워주는 공기의 소중함을 생각해 본다. 물속에서 산소가 떨어진 다이버처럼, 그리하여 산소 한 모금마다 음미하게 된 사람처럼, 우리는 뼈와 혼령이 여기저기 널린 이 평원을 헤치고 달리며 지금 살아 있다는 현실을 영혼에 불어넣는다. 다른 건 몰라도 그 정도면 충분하다.

그렇지만 우리는 창의적이고 명민해지고 싶은 마음으로 가득해서 우리보다 많은 것을 알고 있을 데카르트, 스피노자, 융, 프로이트를 공부한다. 사실 그 지식은 이미 우리 안에 있고, 수백만 년 동안 우리 곁에 있어온 한 부분으로서 완벽하게 이해하고 있다.

사자들은 하루에 몇 시간씩 물을 헤치며 달린다. 이날은 7시간이나 물에 있었고,
사자나 우리나 땅을 밟을 기회가 좀처럼 없었다. 사자가 갈 수 있다면 우리도 갈 수 있다는
철학에 따라 차를 타고 쫓아갔다. 우리가 틀렸다.

두바 아프리카들소와 사자와의 관계는 밀거니 당기거니 하고, 때때로 변화하며, 다시 원래대로 돌아간다. 이 오래되고 무자비한 두 적수는 그들만의 춤에 사로잡혀 있는데 이는 우리가 자연과 불편한 관계인 것과 마찬가지다. 하나의 종種으로서의 우리는 자연과 싸워 매일 굴복시키지만, 그 영향은 다시 우리에게 돌아온다. 그렇지만 중요한 것은 춤이지 이기고 지는 것이 아님을 알 만큼은 발전했다.

나는 춤의 미래에 환멸을 느끼지 않으며, 무척 낙관적으로 생각한다. 아직은 피부를 스치는 산들바람일 뿐이지만 느린 변화의 기운이 느껴진다. 희망이 없다면 미래는 과거보다 나아지지 않을 것이다. 그리고 우리는 희망 없이 살 수 없다.

아프리카들소는 혹독하게 포식당하면서도 잘 버텨왔다.
족히 1000마리는 유지하고 있고, 매년 그 수가 5퍼센트씩 늘고 있다.

두바 사자의 운명은 아프리카들소와 뗄 수 없는 관계다. 다른 동물은 살지 않는 이 섬에서 아프리카들소마저 없었다면 사자는 살아남지 못했을 것이다.

차로 암사자가 고기 한 점을 위해 사투를 벌이면서 꼬리로 물을 튀겨 허공에 그림을 그린다.
사자는 특이하게도 사냥할 때는 서로 협력하지만, 먹이 앞에서는 싸움을 벌인다.

개울을 뛰어넘으려는 차로 암사자에게 거대한 몸집은 큰 부담이다.

2009년 5월의 일기 중에서

온갖 사건이 일어났던 어제와 달리 오늘은 아무 일도 일어나지 않았다.
무릎을 부딪쳐 다리를 절뚝거렸고, 잠시 후 차바퀴가 홈에 빠져 헛돌았고,
빠진 바퀴를 빼내려다 엄지손가락이 손에서 뜯겨나갈 뻔했을 뿐이다.
한 장면도 찍지 못하고 캠프로 돌아와 옷장 서랍을 열었더니, 옷이 갈기갈기 찢겨 있었다.
겨울잠쥐 한 마리가 거의 새것인 셔츠에 집을 지어놓았다.
겨울잠쥐는 즉시 숨을 곳을 찾아 높은 곳으로 올라갔다. 내 머리 위로 말이다!

겨울잠쥐는 일반 쥐에 비해 꼬리에 폭신하고 부드러운 털이 많다. 게다가 꼬리가 중요한 역할을 한다.
폭신폭신하고 동글동글한 이 생물이 안전한 곳을 찾아 다리와 팔을 들락날락하다가
뺨까지 올라와 잠시 멈춰 서서 지나온 길을 돌아본다. 이 모습에 어느 누가 화를 낼 수 있을까?

붉은 석양은 열기에서 벗어났음은 물론 치열한 사냥이 끝나고 휴식이 찾아왔음을 뜻한다. 야행성 포식자인 사자가 독특하게도 두바에서는 밝고 뜨거운 낮 시간에 사냥하는 경우가 90퍼센트 이상이다.

판박이처럼 닮은 쌍둥이 자매가 현재 차로 무리의 중심이다.

새로운 수사자가 섬에 등장했는데 침착한 모습이 낯이 익었다.
우리는 예전에 찍었던 사진에서 동일한 무늬를 가진 사자를 발견했다.
스키머 무리의 새끼 사자가 성장한 것이었다. 이제 그가 차로 무리의 미래다.

영화 제작 과정

외로운 암사자 마디타우를 쫓는 여정은 매우 험난했다. 한 개체에 집중하면 더욱 빠져들게 되고, 그가 위험에 빠지면 공포감에 휩싸이며, 그와의 이별에 더 많은 눈물을 흘리게 된다. 촬영 막바지에 그런 순간이 찾아왔다.

마디타우는 사냥을 하기 위해 새끼 곁을 떠나 물에 뛰어들었다. 마디타우로서는 큰 발전이었다. 새끼는 빠져 죽을 게 분명했기에 깊은 물에는 따라갈 수 없었다.

마침내 마디타우는 사냥에 성공했지만 기력이 다했다. 아프리카들소는 놀라서 모두 사라졌기에 마디타우 홀로 남았다. 다음 날 아침, 마디타우는 새끼가 있던 곳으로 돌아가서 쉬려 했지만 아프리카들소가 지나간 자리에 온통 분비물과 모래가 뒤섞여 있어서 새끼를 찾을 수 없었다. 전에도 이런 적이 있었다. 이곳은 작은 섬이고, 들소는 새끼 사자가 숨어 있는 야자나무 사이를 가로질러 지나다닌다. 어미 사자는 새끼가 작은 얼굴을 드러내어 무사하다는 것을 확인할 때까지 울부짖는다.

오늘은 아니었다. 우리는 마디타우가 가슴 아프게 울부짖는 소리에 불안해졌고, 새끼에게서 아무런 응답이 없자 걱정스러워졌다.

마침내 대답 소리가 들렸다. 단 한 번이었다. 우리는 행복한 재회를 방해하지 않기 위해 가능한 한 소리를 내지 않고 조심스럽게 쫓았고, 나는 그 광경을 멀찍이서 촬영했다. 놀랍게도 마디타우가 마주친 것은 등이 부러진 새끼 사자였다.

우리 동료나 편집실 사람 중에 이 장면을 모르는 사람은 없는데, 이 장면이 영화에 포함되어야 하는지 오랜 시간 동안 힘겹게 토론했기 때문이다. 이 장면 앞에서는 가슴이 미어졌고, 여러분도

영화 제작에 여러 방법으로 참여했던 자랑스러운 동료와 나는
차로 무리와 마디타우의 삶에 깊숙이 빠져들어서 두바 섬이 유일한 집처럼 느껴졌다.

영화에서 마디타우의 눈에 스민 비통함을 볼 수 있을 것이다. 마디타우가 한참 동안 천천히 눈을 깜빡이는 모습은 새끼를 구해봤자 아무 소용이 없다는 것을 알고 있는 듯했다. 아프리카에서는 "잘 지내요?"라는 인사에 이렇게 대답한다. "아, 힘들지, 뭐 어쩌겠어?" 정확히 이런 감정이 마디타우의 눈에서 엿보였다. 마디타우는 마음 깊은 곳이나 영혼으로, 혹은 감정이 있는 무엇인가로 상처를 받아들이는 듯했다.

우리는 동물의 감정에 대해 얼마나 알고 있을까? 기껏해야 인간이 모든 것을 알지는 못한다고 답할 수 있을 뿐이지만, 나는 인간이 이 우주에서 감정이 있는 유일한 종이라는 말에는 동의할 수 없다. 부상당한 말을 안락사시킬 때보다는 전투를 치르느라 감정이 메마른 군인이 부상당한 적군에게 냉정하게 총을 쏠 때가 덜 감정적일 것이다. 감정을 재는 기준은 상대적이고, 감정이 인간에게만 존재하는 것도 아니다.

우리는 마디타우가 눈을 껌뻑이며 새끼 사자에게서 멀어지는 모습을 수십 번이나 다시 보았다. 새끼 사자가 버려지지 않으려고 부르는 소리를 들을 때마다 마디타우는 되돌아왔다. 마침내, 우리는 그녀가 영원히 떠나버린 것을 보았다. 새끼 사자는 더 이상 울지 않았다. 고요하고 슬픈 기운이 감돌았다. 물론 내가 받은 인상일 뿐이지만 달리 설명할 방법이 없었다. 우리는 그 장면을 편집하고 의자에 몸을 기댔다.

그곳에서 목격했던 것에 대해 아무런 말도 할 수 없었다고 쓰는 대신 그 장면을 그대로 공개했다. 영상이 모든 것을 말해주는데 무슨 말을 할 수 있을까.

자동차는 우리의 집이자 사무실, 침실, 부엌, 작업실이었다.
차 안에서 많은 시간을 지내서인지 차에 정이 많이 들었다.
차 밑에도 여러 번 들어갔고, 진흙탕에 빠진 차를 끌어낸 적도 많았다.
그렇지만 때로는 차에서 나와 촬영하기도 했다.

마디타우와 새끼 사자. 새끼가 성장하면서 요구가 늘어남에 따라 긴장감이 높아졌지만,
마디타우는 사냥할 때가 아니면 새끼 곁을 떠나지 않았다.

실버아이 곁에서는 누구도 안전하지 않았지만,
시간이 흐르자 마디타우와 실버아이 사이에 생긴 균열은 치유되었고
둘은 함께 사냥하는 사이가 되었다.

그리고 의문이 남는다. 마지막 사자 2만 마리가 살아남을까? 두바 사자가 마지막이 될까?

도움을 주시려면

베벌리의 메시지: 여러 해 동안 사람들이 환경보호에 참여하도록 격려했는데, 데릭과 나는 그 방법이 효과적이었는지 되돌아보았습니다. 숫자가 전부 이야기해줍니다. 격려와 응원만으로는 큰 효과가 없습니다. 우리 모두가 함께 참여해야 합니다. 그래서 장·단기적 측면에서 실질적인 변화를 일으키기 위해 비상 대책 기금인 '내셔널지오그래픽 빅 캣 이니셔티브'를 시작했습니다. 이 기금에 기부를 원하신다면 다음 웹사이트를 방문해주십시오. www.causeanuproar.org

- 사자 개체 수 감소를 막기 위해 5천만 달러를 모금합니다. 적은 돈도 큰 도움이 됩니다. '논란을 불러일으키자' 캠페인을 후원하려면 50555번으로 LIONS라는 문자를 보내주십시오. 10달러를 기부할 수 있습니다.*
- '마사이랜드 보호재단의 포식동물 보상 기금'에 기부하셔도 됩니다. 소를 키우는 지역 축산업자가 사자에게 피해를 입었을 때 사자를 죽이지 않고 돌려보내주면 그에 합당한 가격으로 보상합니다.
- 몇몇 나라에서는 사냥을 막기 위하여 사자와 표범의 사냥 권리를 사들여 파기합니다. 멸종해가는 종에 총을 들이대는 것을 방치해선 안 됩니다.
- 우리는 '멸종 위기에 처한 야생동식물의 국제무역에 관한 협약'의 발의를 지원합니다. 이는 야생생물의 거래를 규제하는 활동을 합니다. 현재 표범(현재 개체 수 5만 마

* 휴대폰 청구서에 10달러 기부 내역이 추가되거나 선불 계좌에서 공제됩니다. 메시지 또는 데이터 요금이 부과될 수도 있습니다. 더 이상 메시지를 받지 않으시려면 864833번으로 STOP이란 메시지를 보내주세요.

리)과 코끼리(60만 마리)는 보호받고 있지만, 사자는 2만 마리 정도에 불과하여 아무런 보호도 받지 못합니다. 당신의 도움이 필요합니다. 담당자를 찾아가셔서 도움을 청하십시오.

- 2009년 대형 고양잇과 동물 및 희귀 갯과 동물 상원법안 529(S. 529)을 지원해주십시오. 이 법안은 부결되었습니다. 하원의원을 찾아가셔서 이 법안에 대해 자세히 문의하고 다시 상정할 수 있도록 도와주십시오. 이 법안이 통과된다면 야생생물 보호에 큰 기반이 될 것입니다.
- 사자가 위기 동식물 목록에 포함되어야 합니다. 사자 가죽이 수입 목록에 오르지 못하도록 할 수 있습니다. 매년 아프리카에서는 사자 600여 마리가 스포츠 명목으로 죽어갑니다. 그 가운데 556마리는 미국에 가죽 형태로 수입됩니다. '내셔널지오그래픽 빅 캣 이니셔티브'나 '야생생물 수호자'에 연락하셔서 자신이 도울 수 있는 방법을 자세히 문의하세요.
- 해결책을 찾기 위해 과학자, 환경보호 활동가, 일반 시민이 모두 참여하여 좋은 아이디어를 모아야 합니다. www.causeanuproar.org에 방문하셔서 좋은 아이디어를 전해주세요.

전 세계의 대형 고양잇과 동물을 구하기 위해 저희와 함께 노력해주세요.

www.causeanuproar.org

홀로 남은 이 작은 생존자가 장대한 모험에서 살아남아 갈기를 휘날리는
수사자로 성장해 자신의 영역을 지배하는 날이 올까?
우리가 영화에서 말했듯이, 이는 우리에게 달려 있다.

감사의 글

이런 프로젝트를 끝마치려면 많은 사람이 필요하다.

우리는 오카방고 지역 단체에 요청하여 두바 주민에게 양해를 구했고, 일주일 만에 허락을 받았다. 주민 여러분의 혜안으로 이 프로젝트에서 가능성을 알아봐주신 것에 감사드린다. 그리고 두바 평원 사파리캠프 가이드이자 우리의 친구이며, 혼자 힘으로 사자 전문가가 된 '제임스' 007 피세루에게 감사한다. 우리의 또 다른 가이드이자 친구, 관리자였던 두바 캠프의 모든 분께 감사드린다. '광야의 사파리' 책임자 및 관리자, 스태프에게도 깊이 감사드린다. 우리가 처음 촬영을 시작할 때 환대해주셨다. 점점 두바에 빠지게 되면서 나는 그 지역과 캠프를 사고 싶다며 그들을 몇 년 동안이나 귀찮게 했다. 결국 그들이 두 손 들었다. 지금은 우리가 콜린 벨, 폴 해리스, 마크 리드, 내셔널지오그래픽과 함께 설립한 환경보호 여행사인 '위대한 평원'의 동업자가 되었다. 이는 쇠퇴하는 모습을 방관하기에는 너무 소중한 야생 장소를 되살리려는 시도이며, 우리 삶에 주요한 부분이 되었을 뿐만 아니라 아프리카 환경보호 면에서도 의미가 크다.

두바의 폴 드 티어리 역시 많은 도움을 주었고, 최근에는 좋은 이웃이 되어주었다.

야생생물 및 국립공원, 보츠와나 야생생물 부서의 총괄 책임자이자 환경부 장관인 키초 모카일라는 보츠와나 야생생물의 훌륭한 외교관이다.

오랜 친구인 '타우이토나', 현직 대통령인 이언 카마에게도 물론 감사의 말을 전한다. 카마 대통령이 평생에 걸쳐 야생 지역과 야생생물 보호에 헌신하지 않았다면 지금과 같은 자연 유산이 남아 있었을지 확신할 수 없다. 그가 올바른 방향으로 이끌지 않았다면 보츠와나는 지금과는 매우 다른 곳이 되었을 것이다. 경제 전문지 『이코노미스트』가 카마 대통령이 통치하는 보츠와나를 아프리카의 별이라고 했을 때는 그만한 확신이 있었을 것이다.

다시 한번 내셔널지오그래픽 소사이어티와 내셔널지오그래픽 채널의 지원에 감사드리며, 『내셔널지오그래픽』의 크리스 존스와 이미지 세일즈의 마우라 멀비힐에게도 감사드린다. 또한 출판부의 바버라 브라우넬 그로건, 마리안 코스조루스, 사나 아카치, 수전 블레어, 브리짓 잉글리시에게도 감사드린다.

아프리카들소와 사자 사이의 오랜 의식과도 같은 전투는 끈질기게 지속된다.
엇비슷한 둘 사이에서 한쪽이 우세하다가도 다른 쪽이 우세해지는 극적인 결전이 벌어진다.

마지막 사자들

초판 인쇄 2015년 11월 24일
초판 발행 2015년 12월 7일

지은이 데릭 주베르·베벌리 주베르
옮긴이 홍경탁
펴낸이 강성민
편집 이은혜 이두루 곽우정
편집보조 이정미 차소영 백설희
마케팅 정민호 이연실 정현민 양서연 지문희
홍보 김희숙 김상만 한수진 이천희
독자모니터링 황치영

펴낸곳 (주)글항아리 | 출판등록 2009년 1월 19일 제406-2009-000002호
주소 10881 경기도 파주시 회동길 210
전자우편 bookpot@hanmail.net
전화번호 031-955-8897(편집부) 031-955-8891(마케팅)
팩스 031-955-2557

ISBN 978-89-6735-269-1 03400

글항아리는 (주)문학동네의 계열사입니다.

이 도서의 국립중앙도서관 출판예정도서목록(CIP)은 서지정보유통지원시스템 홈페이지(http://seoji.nl.go.kr)와 국가자료공동목록시스템(http://www.nl.go.kr/kolisnet)에서 이용하실 수 있습니다. (CIP제어번호 : 2015031180)